T0281438

Zerstörende Werkstoffprüfung

Karlheinz Schiebold

Zerstörende Werkstoffprüfung

Metallographische Werkstoffprüfung und
Dokumentation der Prüfergebnisse

Ein Lehr- und Arbeitsbuch mit
67 Abbildungen und 14 Tabellen

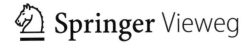

Karlheinz Schiebold
Mülheim a.d.R., Deutschland

ISBN 978-3-662-57802-5   ISBN 978-3-662-57803-2 (eBook)
https://doi.org/10.1007/978-3-662-57803-2

Die Deutsche Nationalbibliothek verzeichnet diese Publikation in der Deutschen Nationalbibliografie; detaillierte bibliografische Daten sind im Internet über http://dnb.d-nb.de abrufbar.

Springer Vieweg
© Springer-Verlag GmbH Deutschland, ein Teil von Springer Nature 2018

Lektorat: Thomas Zipsner

Springer Vieweg ist ein Imprint der eingetragenen Gesellschaft Springer-Verlag GmbH, DE und ist ein Teil von Springer Nature.
Die Anschrift der Gesellschaft ist: Heidelberger Platz 3, 14197 Berlin, Germany

Dem Andenken meines Vaters

Prof. Dr.-phil. ERNST SCHIEBOLD

(1894 – 1963)

In dankbarer Verehrung gewidmet

Karlheinz Schiebold

Vorwort

Vor ca. 100 Jahren begann die wissenschaftliche Metallographie ihren Einzug in die Technik der Materialprüfung. H. C. Sorby, A. Martens und E. Heyn können als Wegbereiter der Metallographie gelten, weil sie erstmalig metallographische Metallschliffe herstellten und fotographierten [1]. Die Erkenntnisse über die Metalle und Legierungen wuchsen danach durch zahlreiche Forscher und begründeten die Metallkunde. Darin eingebettet war die Metallographie, die sich mit dem Zusammenhang zwischen den Zustandsdiagrammen, dem Gefügeaufbau und den Eigenschaften der Metalle und Legierungen befasst [1].

Die seitdem schnelle Entwicklung der Mikroskopie und der technische Fortschritt bei den Präparationstechniken trugen dazu bei, das Gefüge von z. B. Eisen und Stahl in immer besserer Qualität darstellen und dokumentieren zu können [2].

In der vom Verfasser veröffentlichten Buchreihe bildet das Buch über die metallographische Werkstoffprüfung nach den Büchern der zerstörenden Werkstoffprüfung „Chemisch analytische Werkstoffprüfung" und „Mechanisch-technologische Werkstoffprüfung" den Abschluss über die wichtigsten Prüfverfahren. Deshalb enthält dieses Buch auch eine Dokumentation der Prüfergebnisse, da alle beschriebenen Prüfverfahren diesbezüglich dargestellt werden müssen. Eine solche Dokumentation muss aber zwangsläufig mit dem Kapitel „Prüfbescheinigungen" abgerundet werden, da diese unbedingt zur Darstellung der Prüfergebnisse im Produktionsprozess der Erzeugnisse gehören.

Dieses Buch soll insbesondere dem Vater des Autors, Prof. Dr.-phil. Ernst Schiebold gewidmet sein, einem Pionier der Werkstoffprüfung, dessen Aktivitäten zur Entwicklung der Werkstofftechnik Anfang der 30er Jahre des 20. Jahrhunderts erstmals an die Öffentlichkeit kamen und der aus seiner Zeit in der damaligen Kaiser-Wilhelm-Gesellschaft u. a. auch zur Entstehung der Gesellschaft zur Förderung Zerstörungsfreier Prüfverfahren und damit zur Gründung der Deutschen Gesellschaft für Zerstörungsfreie Prüfung (DGZfP) beigetragen hat. Später war er als Direktor des Amtes für Material- und Warenprüfung (DAMW) in Magdeburg tätig.

Von 1953 bis 1963 hat Prof. Ernst Schiebold als ordentlicher Professor und Direktor des Instituts für Werkstoffkunde und Werkstoffprüfung an der Technischen Hochschule Magdeburg (heute Otto-von-Guericke Universität) in kurzer Zeit eine über die Landesgrenzen hinaus bekannte wissenschaftliche Schule mit dem Schwerpunkt Zerstörungsfreie Prüfung aufgebaut. Aus ihr ging auch sein Sohn Karlheinz hervor, der 1963 sein Studium der Werkstoffkunde und -prüfung abgeschlossen hat. Da zum damaligen Zeitpunkt keine Planstelle am Institut frei war, ging er in die Industrie und begann sein erstes Arbeitsleben im damaligen VEB Schwermaschinenbau Kombinat Ernst Thälmann Magdeburg (später SKET SMS GmbH), wo er in der komplexen Werkstoffprüfung über 28 Jahre tätig war.

Dort begann die Laufbahn von Karlheinz Schiebold als Gruppenleiter für Ultraschallprüfung und später als Abteilungsleiter für die Zerstörungsfreie (ZfP) und Zerstörende (ZP) Werkstoffprüfung sowie die Spektrometrie. Aufgrund der im SKET doch außerordentlich umfassend vorhandenen Metallurgie mit einem Stahlwerk, drei Eisengießereien, zwei Stahlgießereien, einer Großschmiede, zwei Stahlbaubetrieben und zahlreichen Maschinenbaubetrieben war ein umfangreiches Betätigungsfeld gegeben. Die Werkstoffprüfung gewann über die Jahre eine immer größere Bedeutung für die Untersuchung metallurgischer Produkte und vermittelte für ihn dadurch unschätzbare Erfahrungswerte. Schiebold war insgesamt 25 Jahre mit seinen Prüfern in den Betrieben unterwegs und bearbeitete zudem Forschungs- und Entwicklungsthemen für die Betriebe der Metallurgie.

Aus diesen Erfahrungswerten konnte er nach der Wende in seinem zweiten Arbeitsleben im aus der LVQ GmbH in Mülheim an der Ruhr (Lehr- und Versuchsgesellschaft für Qualität) ausgegründeten eigenem Unternehmen LVQ-WP Werkstoffprüfung GmbH und im Magdeburger von der Treuhand erworbenen Unternehmen des ehemaligen VEB Schwermaschinenbaukombinat „Karl-Liebknecht" als LVQ-WP Prüflabor GmbH schöpfen und manchmal unter großem Zeitdruck Unterrichtsmaterialien, wie Skripte, Übungen, Wissensteste und teilweise auch Prüfungen verfassen. Durch die Anerkennung der Firma LVQ-WP Werkstoffprüfung GmbH als Ausbildungsstätte der DGZfP sind solche Unterlagen in der ZfP in sechs Prüfverfahren und 3 Qualifikationsstufen und in der ZP durch die Zusammenarbeit mit dem DVM in 9 Prüfverfahren entstanden und über fast zwanzig Jahre erfolgreich zur Weiterbildung von Werkstoffprüfern verwendet worden.

Leider ist es in einem solchen Fachbuch nicht möglich, sämtliche Techniken und Anwendungen der Werkstoffprüfung umfassend zu beschreiben. So wird auf theoretische Ableitungen, mathematische Methoden, Modellierungen und bruchmechanische Bewertungen verzichtet.

Allen am Entstehen des Buches Beteiligten sei an dieser Stelle gedankt. Besonderer Dank gilt meiner lieben Frau Angelika und natürlich auch allen Firmen und Personen, von denen ich bei der Vorbereitung und Ausgestaltung dieses Buches Unterstützung erhielt, und insbesondere den Sponsoren, die zum Entstehen und Gelingen des Werkes beigetragen haben.

Dem Springer-Verlag danke ich für die bei der Herausgabe des Buches stets gute Zusammenarbeit.

Mülheim an der Ruhr, Frühjahr 2018

Prof. Dr.-Ing. Karlheinz Schiebold

Benutzungshinweise

Bilder, Tabellen, Gleichungen und Literaturzitate werden jeweils *innerhalb eines Kapitels* fortlaufend gezählt, z.B. Bild 1.10 = 10. Bild im Kapitel 1; oder [5] = 5. Literaturzitat im Literaturverzeichnis am Ende des Buches.

In diesem Buch werden die *Maßeinheiten* des Internationalen Einheitensystems (SI) einschließlich der daraus abgeleiteten dezimalen Vielfachen und Teile wie Milli, Mega usw. verwendet.

INHALTSVERZEICHNIS

0. Einführung

Die Metallographie ist ein zerstörendes Verfahren der Materialprüfung, bei dem das Gefüge von Werkstücken sichtbar gemacht, mit optischen Geräten untersucht und qualitativ und quantitativ beschrieben wird. Das Buch soll den Lesern einen Einblick in die praktische Metallographie geben und Hilfestellung bei der täglichen Arbeit oder bei der Aus- und Weiterbildung anbieten.

Zur Erklärung und zum Verständnis der Werkstoffeigenschaften ist der mikroskopische Aufbau der Werkstoffe, der sich in der Größenordnung zwischen dem atomaren bzw. molekularen Bereich und dem mikroskopischen und makroskopischen Bereich einordnet (Bild 1.1) und von der Werkstoffherstellung beeinflusst wird, von entscheidender Bedeutung. Seine Darstellung und Untersuchung für metallische Werkstoffe ist Gegenstand der Metallographie.

Die Metallographie hat die Aufgabe, die Gefügebestandteile abzubilden und nach Art, Menge, Größe, Form und Verteilung zu bestimmen. Als Gefügebestandteile gelten das Haufwerk der Kristallite (Körner) gleicher oder verschiedener Zusammensetzung, die sie voneinander trennenden Grenzflächen (Korngrenzen), Ausscheidungen in den Kristalliten oder an den Grenzflächen und Einschlüsse von Fremdphasen.

Struktur	Mikrostruktur	Makrostruktur
Grobstruktur		Werkstücke
		(Halbzeuge und Bauteile)
		Rohlinge
		Lunker, Seigerungen
Gefügestruktur		Porengrößen
		Kristallitgrössen
		Dicke innerer Grenzflächen
		Blockwandstärken
Feinstruktur		Gitterkonstanten
		Atomabstände
Atomistische Struktur	Atomradien Elementarteilchen	
Abmessung (mm)	10^{-15} 10^{-12} 10^{-9} 10^{-6} 10^{-3} 10^{0} 10^{+3}	$\Rightarrow$

Bild 1.1   Struktureinteilung und Größenordnung [3]

In diesem Fachbuch werden DIN EN ISO-Normen des gegenwärtigen Standes 2017 zitiert, um die Fachleute zu befähigen, ohne die Normen detailliert zu lesen, die Normen in ihrer täglichen Arbeit umsetzen zu können. Deshalb sind entsprechende Erläuterungen zu den Texten, Tabellen und Bildern in den Normen in das Buch eingearbeitet worden. Der ASME-Code wird auszugsweise behandelt, weil diese amerikanische Druckgeräte-Richtlinie nur in englischer Sprache angeboten wird und weil sich die Ausführungen in den für die Praxis wichtigen Kapiteln doch wesentlich von den DIN EN ISO-Normen unterscheiden. Vor allem Firmen, die ASME-Inspektionen für ihre Produkte bestehen müssen, können sich mit den Erläuterungen zum ASME-Code eventuell besser auf solche Inspektionen vorbereiten.

© Springer-Verlag GmbH Deutschland, ein Teil von Springer Nature 2018

1. Metallographische Werkstoffprüfung

1.1 Probennahme

Unter Probennahme versteht man die Zerlegung eines Werkstückes, eines Bauteiles oder von Vormaterial zur Entnahme einer metallographischen Probe. Das Erfordernis zur Probennahme ergibt sich immer dann, wenn der Prüfgegenstand zu groß und unhandlich für die Untersuchung ist oder wenn mehrere Proben entnommen werden sollen.

In einem metallographischen Laboratorium werden eine Reihe von Probennahmemethoden angewandt, die sich im Arbeitsprinzip, der Probengeometrie, den Probeneigenschaften und den Auswirkungen auf das Probengefüge im Bereich der Trennfläche unterscheiden.

Bei der Probennahme wird unterschieden zwischen einer systematischen und einer gezielten Probennahme. Die systematische Probennahme soll das Werkstückgefüge allgemein charakterisieren, d. h. die entnommene Probe soll repräsentativ das gesamte Gefüge wiedergeben. Bei der Untersuchung von Schadensfällen werden beispielsweise Proben in der Nähe der Fehlstellen entnommen, um die Ursache des Versagens aufzudecken.

Eine gezielte Probennahme erfolgt dagegen, wenn eine ausgewählte Probestelle untersucht werden muss, d. h. wenn z. B. Fehler an der Oberfläche des Bauteiles sichtbar sind oder vermutet werden oder wenn eine Bruchfläche näher charakterisiert werden soll. Weiterhin werden bei der Probennahme die Anschliffpräparationen nach Entnahmeort und Orientierung der Schlifffläche zur Hauptverarbeitungs- bzw. Hauptverformungsrichtung eingeteilt. Man kennt diesbezüglich (Bild 1.2).

➢ Längsschliffe parallel zur Hauptbearbeitungsrichtung insbesondere wenn die Längsausrichtung der Körner oder Einschlüsse erfasst werden sollen,

➢ Querschliffe senkrecht zur Hauptbearbeitungsrichtung,

➢ Schrägschliffe in einem definierten Winkel zur Oberfläche (z. B. für dünne Schichten),

➢ Flachschliffe als Oberflächenanschliff mit geringem Abtrag.

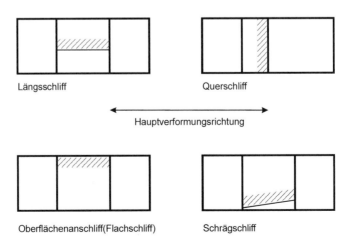

Bild 1.2   Verschiedene Arten der Anschliffpräparation [1]

© Springer-Verlag GmbH Deutschland, ein Teil von Springer Nature 2018
K. Schiebold, Zerstörende Werkstoffprüfung, https://doi.org/10.1007/978-3-662-57803-2_2

Schrägschliffe sind vorteilhaft für die Beurteilung dünner Schichten (z. B. galvanische Schichten oder Nitrierschichten), weil dadurch die im Schliffbild sichtbare Fläche entsprechend D = d / sin α vergrößert wird, s. Bild 1.3.

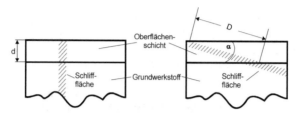

d   =   wahre Schichtdicke (d = D x sin α)
D   =   beobachtete Schichtbreite
α   =   Anschliffwinkel

Bild 1.3   Anschliff von Oberflächenschichten [1]

In den Bildern 1.4 bis 1.6 sind Gefügebilder in verschiedenen Anschliffpräparationen abgebildet [1].

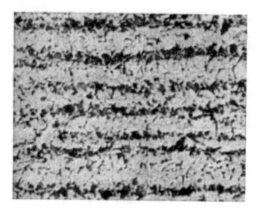

Bild 1.4   Längsschliff durch ein gewalztes Blech (1 : 100)

Bild 1.5   Querschliff durch ein gewalztes Blech (1 : 100)

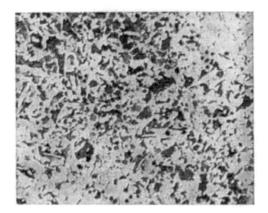

Bild 1.6   Flachschliff durch ein gewalztes Blech (1 : 100)

Weitere Hinweise und bildhafte Darstellungen zur Lage der Probenabschnitte und Proben für mechanische Prüfungen sind im Anhang A der Norm DIN ISO 377 [4] beschrieben. An die Probennahme werden folgende Anforderungen gestellt:

➢ Keine Hitzeentwicklung
➢ Keine Verformungen in den trennflächennahen Bereichen
➢ Keine Verstärkung oder Neubildung von Fehlern
➢ Möglichst plane Trennflächen
➢ Geringe Rauhtiefen
➢ Geringer Materialverlust
➢ Einsetzbar für alle Werkstoffe, Probenformen und -größen
➢ Genaue Positionierbarkeit der Trennstelle
➢ Geringer Geräte- und Zeitaufwand.

Es gibt jedoch kein Verfahren, das alle Anforderungen erfüllt. Deshalb nimmt man in der Praxis das Verfahren, das den jeweiligen Erfordernissen am Nächsten kommt. Bild 1.7 und Tabelle 1.1 geben einen Überblick über die bekanntesten Verfahren zur Probennahme [3].

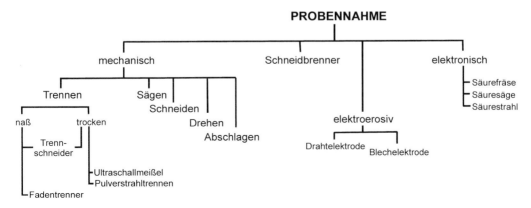

Bild 1.7   Überblick über die bekanntesten Verfahren zur Probennahme [3]

Probennahme	Verfahren	Anwendung
Mechanisch	Sägen	Für unterschiedlichste Probengrößen und –formen geeignet, relativ schnell durchführbar, keine völlig plane Trennflächen, relativ große Rauh- und Verformungstiefe mit größerem Materialabtrag beim anschließenden Schleifen, Temperaturbelastung der Trennflächen, nicht für sehr harte Werkstoffe.
	Drehen	Große Planheit und genaue Ausrichtung der Trennflächen, wenig Verformung in der Oberfläche, keine Temperaturbelastung bei geringen Schnittgrößen, eingeschränkt auf geometrisch einfache Bauteile, nicht für harte Werkstoffe, hoher Materialverlust.
	Schneiden	Mit verschiedenen Scheren für Drähte, Bleche oder kleine Proben bei relativ weichen Werkstoffen, schnell und wirtschaftlich, materialsparend, keine Temperaturbelastung der Trennflächen, nicht für spröde Materialien geeignet.
	Abschlagen	Für sehr harte und spröde Werkstoffe durch Einspannen der Proben und Abschlagen mit einem Hammer, auch bei sehr weichen dünnen Blechproben auf harter Unterlage, schnell und mit wenig Aufwand ausführbar, sehr starke Beeinflussung der Trennflächen.
	Trennschleifen	Für sehr harte Werkstoffe, für optimale Probennahme ist eine Abstimmung der Trennmaschine und der Trennscheibe auf das Probenmaterial erforderlich, Gefahr des Zersplitterns der Trennscheiben bei zu großen Schnittgeschwindigkeiten.
	Ultraschallmeissel	Meissel mit hartem Schneidmittel an der Spitze wird mittels Piezokristall in Ultraschallschwingungen versetzt, zeitaufwendig, zur Entnahme dünner Probenrohlinge aus harten Werkstoffen, für Elektronenmikroskopproben häufig eingesetzt.
	Fadentrenner	Ein dünner Stahldraht mit einem Diamant besetzt schleift sich in das Material, zeitaufwendig, für kleine Probenquerschnitte geeignet, für Elektronenmikroskopproben häufig eingesetzt.
	Pulverstrahltrenner	Durch eine feine Düse wird unter hohem Druck Pressluft mit einem staubförmig zugesetzten Schneidmittel auf das Werkstück geblasen. An der Auftreffstelle wird Material abgetragen.

Tab. 1.1 a   Kennzeichnung der Verfahren zur Probennahme [1], [2], [3]

Probennahme	Verfahren	Anwendung
Thermisch	Schneidbrennen	Mit Acetylen und Sauerstoff wird das Material aufge-schmolzen und von der Flamme mitgerissen (wegge-brannt), sehr ausgedehnte Wärmeeinflusszone (WEZ) an den Trennflächen, eignet sich nur bedingt zur metallographischen Probennahme, wenn Proben aus sehr großen Bauteilen oder sehr harten Werkstoffen entnommen werden müssen, hoher Materialverlust.
	Plasmatrennen	Ähnlich dem Schneidbrennen, Plasmastrahl wird als Energiequelle benutzt, Materialtrennung erfolgt dadurch schneller und mit geringerem Wärmeeintrag in das Werkstück, deutlich kleinere Wärmeeinflusszone als beim Schneidbrennen, Proben aus sehr großen Bauteilen und sehr harten Werkstoffen, Gefahr einer ungewollten Wärmebehandlung des ganzen Proben-materials, hoher Materialverlust, nur für elektrisch leitende Werkstoffe.
	Lasertrennen	Energieübertragung durch einen stark gebündelten Laserstrahl, dadurch schlagartiges Verdampfen des Probenmaterials und kaum Wärmeeintrag in die Probe, Schnittflächen sind praktisch verformungsfrei mit ge-ringer WEZ, selten genutzt wegen des großen appara-tiven Aufwandes und der Kosten.
	Elektroerosiv	Beim Funkenerodieren wird zwischen einem dünnen Draht oder Blech und dem Werkstück eine Gleich-spannung angelegt. Es entsteht beim Heranfahren des Drahtes an die Probe ein Lichtbogen (Funken) zwi-schen Draht und Probe, ein Kühlmittel ist erforderlich um eine tiefgehende Erwärmung der Probe zu vermei-den, keine Verformung der Oberflächen, für extrem harte, spröde und empfindliche Werkstoffe ohne Ge-fahr auf Rissbildung einsetzbar, kaum WEZ, wenig Ma-terialverlust und hohe Maßgenauigkeit.

Tab. 1.1 b   Kennzeichnung der Verfahren zur Probennahme (Fortsetzung) [1], [2], [3]

Probennahme	Verfahren	Anwendung
Elektrochemisch	Säuresäge	Eine Chemikalie (z. B. Säure) wird gezielt an die Trennstelle gebracht und löst dort das Probenmaterial auf. Bei der Säuresäge läuft ein mit Elektrolyt benetzter Nylonfaden über elektrisch leitende Rollen (Kathode) zur Probe (Anode). Das gelöste Probenmaterial wird vom Nylonfaden abtransportiert und frischer Elektrolyt wird zugeführt.
	Säurefräse	Arbeitet wie die Säuresäge, statt des Nylonfadens ist die Kathode und die Elektrolytzufuhr durch eine Metallscheibe gegeben.
	Säurestrahl	Dabei wird der Elektrolyt durch eine feine Düse (Kathode) auf das Werkstück gespritzt und das gelöste Probenmaterial weggespült. Absolut verformungsfreies Trennen, unabhängig von den mechanischen Eigenschaften des Probenmaterials, keine WEZ, sehr umständlich in der Handhabung, zeitaufwendig, Sicherheitsrisiken und Umweltbelastung durch Elektrolyte.

Tab. 1.1 c   Kennzeichnung der Verfahren zur Probennahme (Fortsetzung) [1], [2], [3]

Für die Wahl des optimalen Probennahmeverfahrens können folgende Hinweise gegeben werden:

➤ Je empfindlicher eine Probe ist, desto schonender muss das Verfahren sein und größere Trennzeiten müssen in Kauf genommen werden.

➤ Die angestrebte Schliffebene darf nicht zerstört werden, eine Gefügeänderung muss ausgeschlossen werden (Wärmeeinflusszone klein halten).

➤ Bei sehr großen Bauteilen müssen sehr oft Vorproben genommen, die später zielgerichtet verkleinert werden.

➤ Bei sehr kleinen Proben sollte das Verfahren so ausgewählt werden, dass wenig Materialverlust und eine geringe Wärmeeinflusszone (WEZ) entstehen.

➤ Für mittelgroße Bauteile aus den gängigsten nicht zu empfindlichsten Werkstoffen im mittleren Härtebereich ist das Trennschleifen im mittleren Drehzahlbereich zu empfehlen.

➤ Extrem weiche Materialien sollten durch Sägen getrennt werden, weil ein Zuschmieren der Trennscheiben nicht ausgeschlossen werden kann.

➤ Sehr spröde Werkstoffe können zum Zerstören der Schichten oder des Werkzeuges führen, es muss darauf geachtet werden, dass die Schneidkante der Trennscheibe zuerst in die Schicht eintaucht und zum Grundmaterial hin läuft.

1.2   Probenpräparation

1.2.1   Probenkennzeichnung

Im metallographischen Präparationsgang ist die Beschriftung und Markierung der Proben zur reproduzierbaren und dauerhaften Zuordnung zum Bauteil, zur Rekonstruktion des Entnahmeortes sowie der Orientierung der Proben zum Bauteil und zur Dokumentation notwendig. Die Rückverfolgbarkeit des Probenmaterials wird auch im Rahmen der Begutachtung von akkreditierten Prüflaboratorien nach DIN EN ISO 17025 [5] gefordert.

Die eindeutige Probenkennzeichnung beginnt mit der Zuordnung einer fortlaufenden Auftragsnummer, die auch in der Dokumentation aufgeführt wird. Probenverwechslungen müssen unbedingt ausgeschaltet werden, weil sie zu falschen Ergebnissen führen können, die nicht erkannt werden. Weiterhin ist die Beschriftung der Proben im Rahmen eines Auftrages mit diesen auftragsbezogenen Nummern durchzuführen. Insbesondere bei Aufträgen zur Untersuchung mehrerer Proben sollte ein Probennahmeplan mit Skizzen oder fotographischen Übersichtsaufnahmen angefertigt werden, auf den auch in der Dokumentation Bezug genommen wird. Der Einsatz digitaler Kameras bei der Probennahme ist gegenwärtig hierbei bereits Stand der Technik. In dieser Hinsicht sollten Markierungen zur eindeutigen Lage der Proben im Bauteil angebracht sein.

Da die Flächen zur Kennzeichnung der metallographischen Proben oft relativ begrenzt sind, müssen die kennzeichnenden Beschriftungen und Markierungen der Proben kurz und prägnant sein. Stehen vor der Probennahme keine Flächen zur Kennzeichnung zur Verfügung, weil sie beispielsweise metallographisch untersucht werden müssen oder weil das Probennahmeverfahren nicht ausreichend zielgenau ist, so muss eine Kennzeichnung nach der Probennahme erfolgen. Außerdem muss darauf geachtet werden, dass eine dauerhafte Kennzeichnung nicht mit Veränderungen der benachbarten Gefügebereiche verbunden ist.

Sollten bereits eingebrachte Kennzeichnungen durch den Einbettungsvorgang der Proben nicht mehr sichtbar sein, so muss eine Übertragung der Nummerierung auf das Einbettmittel vorgenommen werden. In Tabelle 1.2 sind die Techniken zur Probenkennzeichnung und ihre Vor- bzw. Nachteile zusammengefaßt.

Bild 1.8 zeigt einige Gefügeeinflüsse durch die Kennzeichnung von Proben.

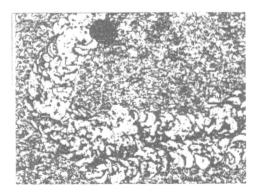

Bild 1.8a)   Stahlprobe C100, Elektroschreiber, Veränderung des Gefüges
in der Schreibspur (20 : 1)

Kennzeichnung durch	Anwendung
Filzstifte	Für kurzfristige Markierungen tauglich, Gefahr des Ablösens beim Ätzen oder Reinigen der Proben.
Säurestifte	Analog wie Filzstifte nur für kurzfristige Markierungen tauglich, enthalten korrosive Chemikalien, die lokal die Probenoberfläche angreifen. Nur auf glatten, sauberen Oberflächen zu sehen. Relativ aufwendig, da für verschiedene Metalle unterschiedliche Säurepatronen benötigt werden und nicht alle Werkstoffe beschreibbar sind.
Anreißnadel, Körner	Einritzen bzw. Einschlagen der Beschriftung in die Werkstückoberfläche. Schnelles, mobiles Verfahren zum Kennzeichnen von Kunststoffen und ebenen Oberflächen weicher Werkstoffe.
Schlagstempel	Die Beschriftung mit Schlagbuchstaben und -zahlen gibt eine haltbare und gut sichtbare Kennzeichnung auch auf größeren Bauteilen besonders mit sehr rauhen oder korrodierten Oberflächen. Auf ausreichenden Abstand zur Schlifffläche achten, da eine Verformungszone entstehen kann. Harte und ebene Unterlage zum Stempeln verwenden. Nicht für sehr harte und spröde Materialien einsetzbar (Bruchgefahr).
Gravierstifte	Ein spitzer schnell rotierender Gravierkopf schleift die Kennzeichnung in die Oberfläche. Ermüdungsfreies Beschriften aller außer extrem weicher Werkstoffe möglich.
Vibrierstifte	Eine harte Spitze, die elektromagnetisch zum Schwingen gebracht wird, prägt sich in die Oberfläche ein. Unhandlicher als Gravierstifte, nicht für extrem harte oder spröde Werkstoffe geeignet.
Elektroschreiber	Kurze Lichtbögen verdampfen das Material der Probe beim gleitenden Führen der Spitze des Schreibers. Es entsteht eine dauerhafte gut sichtbare Markierung. Sehr verbreitete Methode bei Metallen, da nichtleitende Proben nicht beschriftet werden können.
Eingebette Zettel	Einbetten von beschrifteten Zetteln in durchsichtiges Einbettmittel. Beschriftung darf sich im Einbettmittel nicht auflösen und das Einbettmittel darf von der nachfolgenden Präparation nicht angegriffen werden.

Tabelle 1.2 Techniken zur Probenkennzeichnung und ihre Vor- bzw. Nachteile [1], [2], [3]

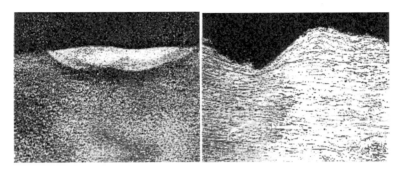

Bild 1.8b)   Stahlprobe, Elektroschreiber,   Bild 1.8c) Stahlprobe, Schlagzahlen,
              Martensitbildung in den hellen   Verformungen im Bereich
              Bereichen (80 : 1)   der Schlagzahl (100 : 1)

Bild 1.8   Gefügeeinflüsse durch die Kennzeichnung von Proben

1.2.2   Probentrennung

Das Trennen von metallographischen Proben ist erforderlich, wenn größere Bauteile aus Gussstücken oder aus Halbzeug untersucht werden sollen. Es kann mit Bandsägen, Schneidbrennern oder ähnlichen Werkzeugen mittels Sägen, Schneiden, Drehen oder Abschlagen durchgeführt werden [14]. Die Probengröße liegt bei metallographischen Untersuchungen meistens bei 10 bis 50 mm Kantenlänge oder Durchmesser. Grundsätzlich ist jedoch dabei zu beachten, dass die zu untersuchenden Bereiche nicht zerstört und erhalten bleiben. Dazu ist die Lage der Einzelschliffe am zu untersuchenden Werkstück exakt zu markieren und wenn möglich in einer Probenskizze zu erfassen.

Sehr harte Proben, wie z. B. gehärteter Stahl, weißes Gusseisen oder Hartmetalle erfordern beim Trennen eine Wasserkühlung. Die Probe darf höchstens handwarm werden, da sonst die Gefahr von Gefügeveränderungen besteht [1]. Die Proben sollten nach Möglichkeit ohne Anlaufschäden, Verformung, Ausbrüchen oder Rissen getrennt werden. Durch die Kühlung der Schnittflächen wird eine hitzebedingte Veränderung des Gefüges verhindert. Außerdem spült die Kühlflüssigkeit den Abrieb während des Trennens von der Oberfläche ab. Der Trennschnitt ist qualitativ für die Präparation von großer Bedeutung. Durch geeignete Zusätze von Korrosionsschutzmitteln in das Kühlmittel kann ein Angriff auf die Probenoberfläche reduziert werden [2].

Die gebräuchlichen Trennscheiben bestehen für Eisenlegierungen aus Aluminiumoxid und für Nichteisenmetalle und Mineralien aus Siliziumkarbid. Sie besitzen unterschiedliche Körnungen und Bindungshärten, wobei gilt, dass die Bindung der Trennscheibe umso weicher sein muss, je härter das zu trennende Material ist [2]. Sehr harte Werkstoffe werden mittels Diamanttrennscheiben vorbereitet. Verschiedenartige Trennverfahren und Trennrichtungen werden auch von Buehler vorgeschlagen [2], [17]. Die Probentrennung kann mit einer Nasstrennmaschine oder einer Präzisionstrennmaschine erfolgen. Bild 1.9 zeigt eine Nasstrennschleifmaschine von Buehler, Bild 1.10 eine Nasstrennmaschine von Schütz und Licht, Bild 1.11 eine Präzisionstrennmaschine von Buehler, Bild 1.12 eine Trennmaschine für abrasives Trennen von Schütz und Licht und Bild 1.13 eine Präzisionstrennmaschine von Schütz und Licht.

Bild 1.9   Nasstrennmaschine AbrasiMatic von Buehler [2]

Bild 1.10   Nasstrennmaschine von Schütz und Licht [10]

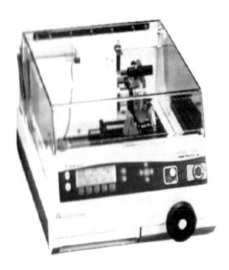

Bild 1.11   Präzisionstrennmaschine von Buehler [17]

Bild 1.12   Trennmaschine für abrasives Trennen von Schütz und Licht [10]

Bild 1.13   Präzisionstrennmaschine von Schütz und Licht [10]

Bild 1.14 zeigt einige charakteristische Trennfehler und damit verbundene Gefügeveränderungen durch das Probennahmeverfahren.

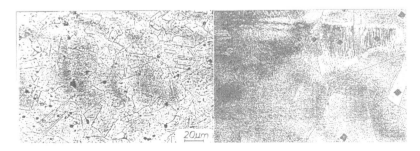

a) Austenitischer Stahl, Trennschleifen und elektrolytisch
poliert, schwache parallele
Gleitlinien in den Körnern

b) Messing, gesägt, starke
Verformungen in den
Oberflächenbereichen und
kleineren Härteeindrücken
Als in den unverformten Bereichen

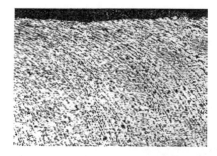

c)   Unlegierter Stahl, mit einer Hebelschere getrennte Oberfläche, Sichtbare Verformung der Probe in den Perlitzeilen

Bild 1.14   Trennfehler und Gefügeveränderungen durch das Probennahmeverfahren [6]

1.2.3   Probeneinfassung

Unter Einfassen versteht man in der Metallographie das Einspannen, Einklammern und Einbetten der Proben. Dabei werden die Proben zur besseren Bearbeitbarkeit mechanisch in Vorrichtungen montiert (Einspannen, Einklammern) oder formschlüssig mit bestimmten Materialien umhüllt (Einbetten).

Das Einfassen der Proben ist erforderlich, wenn

➢ die Proben zu klein oder unhandlich für eine direkte Weiterbearbeitung sind oder ungünstige geometrische Formen aufweisen (z. B. Pulver, Drähte, Kugeln, dünne Bleche),

➢ die Proben besonders empfindlich auf mechanische Kräfte reagieren (z. B. sehr weich, porös, spröde oder brüchig),

➢ mehrere Proben in einem Schliff zusammengefasst werden sollen, damit für alle Proben die gleichen Bedingungen gelten oder damit bei gleichartigen Proben Zeit gespart werden kann,

➢ besondere Anforderungen an die Planheit der Proben bis zum Rand gestellt werden, damit auch Randschichten bei der Untersuchung gut erfasst werden können (Kantenschärfe ergibt gute Randschärfe beim Mikroskopieren),

➢ für die Schliffe genau definierte Außenabmessungen gefordert sind, um sie in automatisierten Präparationsgeräten montieren zu können.

Die Proben werden im Regelfall nach der Probennahme eingefasst. Bei besonders empfindlichen Proben kann es zum Schutz der Proben während des Trennvorganges manchmal sinnvoll sein, vor der Probennahme einzufassen. Aber auch der Metallograph wird durch das Einfassen geschützt, wenn die Proben sehr klein sind.

Um Veränderungen durch das Einfassen der Proben zu vermeiden und eine weitere Bearbeitung zu gestalten, müssen folgende Anforderungen erfüllt werden:

➢ Das Einfassen darf keine Veränderungen am Gefüge der Proben hervorrufen, wie z. B. Anlassvorgänge, chemischer Angriff der Oberfläche, Verformungen,

➢ Zwischen Probe und Einfassmaterial dürfen keine Schleif-, Polier- oder Ätzmittel in die Spalten eindringen,

➤ Härte und Verschleißfestigkeit der Einfassung sollen ähnlich der der Probe sein, um eine gleichmäßige Abtragung beim mechanischen Schleifen zu gewährleisten und Kantenabrundungen zu vermeiden,

➤ Die Einfassung muss resistent gegenüber den Einflüssen der weiteren Präparation sein (Lösungsmittel, Ätzmittel),

➤ Die Einfassung sollte ggf. leicht wieder entfernbar sein (Ausbetten).

Das Einfassen der Proben kann durch Einspannen, Einklammern, das Aufbringen von metallischen Schichten und das Einbetten in Metalllegierungen und in Kunststoff erfolgen. Gegenwärtig wird das Einbetten in Thermo- und Duroplaste am häufigsten praktiziert [2].

Sowohl für makroskopische als auch für mikroskopische metallographische Untersuchungen sind die Schliffproben in den meisten Fällen jedoch vorzubereiten. Die mechanische Schliffpräparation erfolgt in den Stufen

◆ Planschleifen, ein mechanisches Schleifen mit Siliziumkarbid-Nassschleifpapier oder bei sehr harten Werkstücken mit Diamantschleifscheiben bzw. Zirkonoxid-Aluminiumoxid Schleifpapieren (Körnung 60 bis 100 µm).

◆ Mechanisches Schleifen mit Papieren zunehmend feinerer Körnungen (Nennkorndurchmesser der Papiere im Bereich von 150 bis 15 µm).

◆ Läppen mit Diamantsuspension auf Läppscheiben unterschiedlicher Härte.

◆ Polieren auf Tüchern unter Zugabe von Poliertonerde-Suspensionen bis zur völlig geglätteten kratzerfreien Schlifffläche,

◆ An die Stellen der genannten Schleif- und Poliermittel können Diamantpasten unterschiedlicher Kornfraktionen treten.

Ziel der Maßnahmen ist die Erzeugung einer für die optische Untersuchung geeigneten Schlifffläche. Bei jedem Vorgang der Schliffpräparation entsteht ein Materialabtrag an der Oberfläche und es treten Verformungen, Kratzer und Verschmierungen auf, die im Vergleich zur vorhergehenden Stufe vermindert und schließlich nach dem Endpolieren vernachlässigbar klein sind. In Bild 1.15 ist der Zusammenhang zwischen der Gesamttiefe der gestörten Oberflächenschicht in Abhängigkeit von der Korngröße des Schleif- oder Poliermittels dargestellt [14].

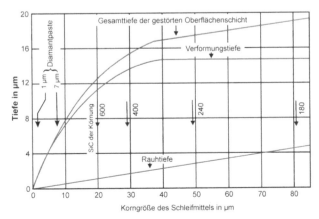

Bild 1.15   Zusammenhang zwischen der Gesamttiefe der gestörten Oberflächenschicht und der Korngröße des Schleif- oder Poliermittels für Untersuchungen an Stahl

Aus dem Diagramm lässt sich ableiten, dass neben der Rauhtiefe auch die Verformung berücksichtigt werden muss, um eine optimale Schliffoberfläche zu erzielen. Die größte Verformung tritt in den ersten Präparationsstufen auf, während die Verschmierung der Oberfläche hauptsächlich beim Polieren verursacht wird. Deshalb sind kurze Schleifzeiten beim Planschleifen zur Vermeidung des Einbringens von Verformungen erforderlich.

Die einfachste Methode zur Einfassung von metallographischen Proben, insbesondere bei dünnen Blechen, ist das Einspannen oder Klemmen. Die Klemmen bestehen meistens aus Stahl, Aluminium oder anderen leicht zu bearbeitenden Werkstoffen [2].

Beim Einbetten der Proben unterscheidet man zwischen dem Warm- und dem Kalteinbetten. Das Warmeinbetten erfolgt mittels einer automatischen Einbettpresse (Bild 1.16) in eine duroplastische Einbettmasse auf Phenolharz- oder Epoxidharzbasis unter Druck- und Temperaturbeeinflussung [2], [6].

Bild 1.16   Automatische Einbettpresse SimpliMet XPS 1 von Buehler [2]

Kalteinbettmittel bestehen aus den Komponenten Harz und Härter und polimerisieren nach dem Anrühren. Sie werden angewendet, wenn sehr viele Proben schnell eingebettet werden sollen [2].

Ein Problem beim Einbetten ist der erforderliche Kantenschutz. Meistens resultiert die Kantenveränderung aus der falschen Auswahl des Einbettmaterials, weniger durch die Probenpräparation [2]. Bild 1.17 zeigt eingebettete und geschliffene Proben.

Bild 1.17   In Phenolharz (links) und in Epoxidharz (rechts) eingebettete Proben [6]

1.2.4 Schleifen, Läppen und Polieren

Die Körnungsabstufung beim Schleifen, Läppen und Polieren wird so gewählt, dass jeweils die Verformung der vorhergehenden Stufe eliminiert werden kann. Auch dabei sind kurze Zeiten der Einwirkung auf die Probenoberfläche von Vorteil. Nicht außer Acht gelassen werden darf bei diesen Vorgängen die Kühlung und das Abspülen des Abriebes durch ausreichende Wasserversorgung, um eine Erwärmung der Probenoberfläche und damit Gefügeveränderungen zu vermeiden. Wenn jedoch zuviel Wasser eingesetzt wird, kann es zum Aquaplaning-Effekt kommen, d. h. es erfolgt kein wesentlicher Abtrag der Oberfläche. In der Praxis werden am häufigsten verwendet:

> Als Schleifmittel   Siliziumkarbid-Nassschleifpapier, gebundene Diamantscheiben, Zirkonoxid-Aluminiumoxid-Papier.

> Als Läppmittel   Diamantsuspensionen auf Wasser oder Ölbasis.

> Als Poliermittel   Diamantpaste und Schmiermittel, Tonerde, Ceroxid und Siliziumoxid-Suspensionen.

Das Schleifen kann manuell ohne Geräte, mit SiC-Papier oder mit einem Bandschleifer (Bild 1.18) [20] oder mit einem kombinierten Schleif- und Poliergerät durchgeführt werden (Bild 1.19) [2]

Bild 1.18   Vollautomatisches Schleifgerät DIGIPREP VELOX der Fa. METCON

Bild 1.19   MetaServ Kombiniertes Schleif- und Poliergerät von Buehler

Das Schleifen soll in mehreren Schritten mit Schleifpapier abnehmender Körnung erfolgen und zwar jeweils solange, bis die Schleifspuren des vorangegangenen Schleifprozesses nicht mehr zu sehen sind.

Die metallographischen Proben werden geläppt und poliert, um höchstmögliche Planheit, niedrigste Rauhigkeit zu erreichen und um das Gefüge freizulegen. Geläppt wird mit Aluminiumoxid oder Diamantsuspension gleicher Korngröße und mit speziellen Läppscheiben insbesondere aus Gusseisen und Kunstharz [6]. Beim Polieren unterscheidet man

- mechanisches Polieren
- manuelles Polieren
- automatisches Polieren
- Vibrationspolieren
- elektrolytisches Polieren.

Mechanisches Polieren wird mit Hilfe von Poliermitteln und selbstklebenden Poliertüchern auf einer rotierenden Scheibe durchgeführt. Beim manuellen Polieren wird die Probe von Hand gehalten und gegen die Scheibenlaufrichtung geführt. Die automatische Probenpräparation erfordert Poliermaschinen, wie sie die Bilder 1.20 und 1.21 zeigen.

Bild 1.20   Automatisches Schleif- und Poliergerät von METCON [20]

Bild 1.21   Vollautomatisches Präparationssystem von Buehler [2]

Vibrationspolieren (Bild 1.22) erzeugt durch einen Frequenzgenerator eine polierte und exzellente Oberfläche mit sehr guter Randschärfe.

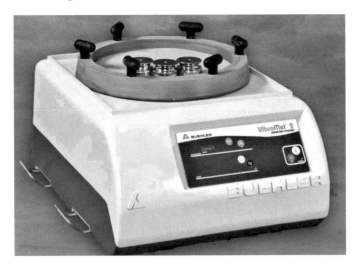

Bild 1.22   Vibrationspoliergerät VibroMet von Buehler [2]

Während das Schleifen und Läppen stets mechanisch erfolgt, kann das Polieren auch auf elektrolytischem oder mechanisch chemischem Wege durchgeführt werden. Beim elektrolytischen Polieren wird mittels eines Elektrolyten und eines zwischen Probe (Anode) und einer Gegenelektrode (Kathode) angelegten Stromes die Probenoberfläche abgetragen und eingeebnet werden. Dazu gibt es handelsübliche Elektropoliergeräte (Bild 1.23), wobei für jedes Material eine Stromdichte/Spannungskurve aufgestellt wird, die den geeigneten Spannungsbereich für die Durchführung der Politur angibt.

Bild 1.23   Tragbares Elektropoliergerät Kristall 650 der Fa. ATM [21]

Das elektrolytische Polieren wird grundsätzlich für alle metallischen Werkstoffe, vorzugsweise für austenitische Werkstoffe eingesetzt. Ein Problem dieser Methode ist die bevorzugte Abtragung der Kanten, nicht aber von großflächigen Unebenheiten. Vorteilhaft ist, dass bei geringem Zeitaufwand und guter Reproduzierbarkeit kaum Verformung auftritt. Auch eine Probenerwärmung tritt nicht oder nur in sehr geringem Maße auf. Grobkörnige Materialien eignen sich schlecht zum elektrolytischen Polieren. Beim Umgang mit den Elektrolyten ist Vorsicht geboten, weil diese meist aggressiv und in manchen Fällen sogar explosiv sein können.

1.2.5   Reinigen

Nach jeder Schleif-, Läpp- und Polierstufe muss die Probe gründlich unter fließendem Wasser abgespült und mit einem Wattebausch abgerieben werden. Besonders wirksam ist hierbei beispielsweise ein Ultraschall-Reinigungsbad. Aus Bild 1.24 wird noch einmal ersichtlich, welche Vorbereitungsarbeiten für die metallographische Untersuchung erforderlich sein können, im Beispiel die Zerlegung eines Rohres durch Sägen an einer Bandsäge.

Bild 1.24   Zerlegung eines Rohres durch Sägen an einer Bandsäge [8]

1.3   Makroskopische Metallographie

Bevor das Gefüge entwickelt wird, muss feststehen, ob eine makroskopische oder eine mikroskopische metallographische Untersuchung durchgeführt werden soll. Bei makroskopischen Untersuchungen werden besonders Fehler im Werkstück, wie Poren, Risse, Flocken, Einschlüsse, gesucht bzw. definiert, indem die Oberfläche mit bloßem Auge, mit der Lupe oder einem Mikroskop bei geringer Vergrößerung betrachtet wird. In Bild 1.25 sind Flocken abgebildet, die durch Wasserstoffversprödung entstehen.

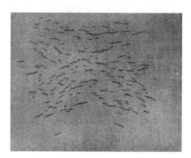

Bild 1.25   Flocken im CrNi-Stahl [12]

Aber auch die Bestimmung des Gefügeaufbaus von Legierungen, insbesondere der dentritischen Struktur, der Kristallseigerungen, der Streifenbildung im Kristallaufbau und der Bestimmung der Inhomogenitäten in der Struktur sind das Ziel makroskopischer metallographischer Prüfungen [12]. Eine Form der makroskopischen Untersuchung ist der Baumann-Abdruck. Er lässt durch chemische Einwirkung auf mit Schwefelsäure getränktem Fotopapier stärker an Schwefel angereicherte Zonen im Stahl erkennen und auch Verformungen des Werkstoffes indirekt durch die Deformation der Schwefelseigerungen sichtbar werden [9]. Die Schwefelsäure bildet Schwefelwasserstoff, wenn sie mit Sulfideinschlüssen reagiert, der wiederum mit der Fotoschicht zu Silbersulfid reagiert und zur Abbildung der Sulfideinschlüsse führt [7]. In Bild 1.26 wird ein Baumannabdruck an Stangenmaterial wiedergegeben.

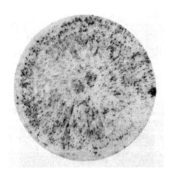

Bild 1.26   Baumannabdruck an Stangenmaterial [9]

1.4   Mikroskopische Metallographie

Die im Gefügebereich ausgeführte Metallographie wird besonders geprägt durch die Mikroskopie, d. h. durch die zum Mikroskopieren verwendeten Geräte und Verfahren.

1.4.1   Ätzen

Nach dem Polieren und Reinigen muss die Probenoberfläche angeätzt werden, weil das auf-
fallende Licht im Mikroskop sonst nur gleichmäßig reflektiert wird und kein Kontrast auftritt.
Am polierten Schliff sind nur solche Gefügebestandteile zu erkennen, die sich im Reflexionsvermögen von dem des Grundmetalls oder der Legierung stark unterscheiden, z. B. Graphit-
ausscheidungen im Gusseisen, Bleieinschlüsse im Messing, Schlackeneinschlüsse, Poren
oder Risse. Im Allgemeinen ist es notwendig, die Gefügebestandteile nach dem Polieren
durch eine Ätzbehandlung so aufzurauhen, dass sie unterschiedlich reflektieren. Seigerun-
gen, große Kristallite im Rohguss oder gravierende Unterschiede im Gefügezustand an einem
Werkstück, z. B. im Schweißnahtbereich bzw. bei oberflächengehärteten Bauteilen lassen
sich an geätzten Makroschliffen bereits bei visueller Betrachtung erkennen und beurteilen.
Für das Kontrastieren ist in der metallographischen Präparation der Begriff des Ätzens einge-
führt worden. Bild 1.27 gibt einen Überblick über die Methoden des metallographischen
Ätzvorganges.

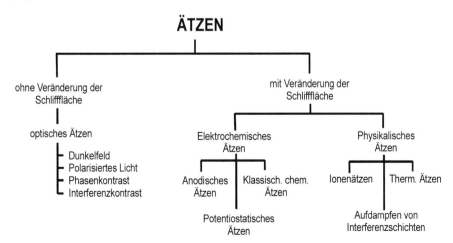

Bild 1.27   Überblick über die Methoden des metallographischen Ätzvorganges [1], [9]

Das optische Ätzen beruht auf der Anwendung spezieller Beleuchtungsverfahren wie Dunkelfeld, Phasenkontrast, Interferenzkontrast und polarisiertes Licht. Dabei wird die Schliffffläche nicht verändert.

Anders wird beim Einsatz chemischer Ätzmittel die Schliffffläche verändert. Dabei wird die Schliffffläche der Einwirkung einer verdünnten Säure oder eines Säuregemisches (Tab. 1.3) ausgesetzt und erfährt einen elektrochemischen "Korrosionsangriff" in dessen Verlauf entweder die Korngrenzen bevorzugt abgetragen werden (Korngrenzenätzung) oder die geschnittenen Kornflächen je nach kristallografischer Orientierung oder chemischer Zusammensetzung der Kristallite unterschiedlich stark angegriffen (aufgerauht) werden (Kornflächenätzung). Beim sogenannten Farbätzen werden verschiedene Gefügebestandteile verschieden eingefärbt.

Verwendungszweck	Bezeichnung	Zusammensetzung	Bemerkung
Entwicklung des Primärgefüges Stahlguss, warmverformte Stähle	Oberhoffersches Ätzmittel (Makroätzung)	30 g Eisenchlorid 1 g Kupferchlorid 0,5 g Zinnchlorur 50 cm³ Salzsäure 500 cm³ Äthylalkohol 500 cm³ Wasser	Polierte Stahlfläche erforderlich
Entwicklung der Kornstruktur	a) Heynsches Ätzmittel (Makroätzung)	90 g Kupferammonchlorid, 1000 cm³ Wasser	Geschliffene Fläche (Kornflächenätzung)
	b) Ammonium persulfat (Makroätzung)	10 g Ammoniumpersulfat 100 cm³ Wasser	Polierte Fläche vor Gebrauch frisch ansetzen (Kornflächenätzung).
	c) Salpetersäure (Makroätzung)	100-250 cm³ Salpetersäure 900-750 cm³ H_2O	(Kornflächenätzung) Geschliffene Fläche
Entwicklung des Feingefüges	a) Nital (akoholische Salpetersäure	1 - 5 cm³ HNO3 100 cm³ Äthylalkohol	Mehrfaches Ätzen und Polieren vorteilhaft
	b) Pikral (akoholische Pikrinsäure	4 g Pikrinsäure 100 cm³ Äthylalkohol	Wirkt gebraucht stärker
	c) Anlassätzung	Polierter Schliff wird auf 250 - 350° C 3 Minuten angelassen u. abgekühlt	Perlit nimmt zuerst eine bestimmte Farbe an, danach Ferrit, Zementit und Eisenphosphit
Entwicklung der Gefügestruktur und WEZ bei Schweißnähten	Adler-Ätzung (Makroätzung)	15 g Eisenchlorid 3 g Cu-Ammonchlorid 50 cm³ Salzsäure 25 cm³ Wasser	Geschliffene Fläche

Tabelle 1.3   Ätzlösungen [1] [6], [9], [14]

Verwendungszweck	Bezeichnung	Zusammensetzung	Bemerkung
Nachweis von Kraftwirkungsfiguren	Frysche Ätzung a) Makroätzung b) Mikroätzung	30 g Kupferchlorid 120 cm³ Salzsäure 100 cm³ Wasser 5 g Kupferchlorid 40 cm³ Salzsäure 30 cm³ Wasser	Werkstück wird zunächst 30 min auf 200 – 300°C angelassen, dann erst geschliffen und poliert
Nichtrostende Stähle	Orthonitrophenol	gesättigte Lösung von Orthonitrophenol	Austenit stark angegriffen
	Groebbeck-Ätzung	4 g Kaliumpermanganat 4 g Natriumhydroxid 100 cm³ Wasser	Ätzung 1-5 min bei 70°C Austenit nicht angegriffen
	Anlassätzung	5 min bei 500-650°C an Luft erhitzen	Austenit läuft beim Anlassen an
	Oxalsäure elektrolytisch	10 g Oxalsäure 100 cm³ Wasser	Austenit stark, Ferrit mäßig, Karbide nicht geätzt
	Kaliumferrizyanid	30 g Kaliumferrizyanid 30 g Kaliumhydroxid 60 cm³ Wasser	Phase hellblau Ferrit gelb
	Chromsäure elektrolytisch	10 g Chromsäure 100 cm³ Wasser	Phase herausgelöst, Karbide stark angeätzt

Tabelle 1.3   Ätzlösungen (Fortsetzung) [1], [6], [9], [14]

Geht bei einer Ätzung die anodische Auflösung mit einer Deckschichtbildung einher, so bleiben die kathodisch wirkenden Kornflächen frei und die anodischen Kornflächen werden mit einem mehr oder minder dicken Niederschlag bedeckt. Da die Deckschichten meist ein schwächeres Reflexionsvermögen haben, unterscheiden sich die Kornflächen durch einen guten Hell/Dunkel-Kontrast. Auf diese Weise erschließt sich ein weiteres Verfahren zur Kornflächenätzung.

Bei den physikalischen Ätzmethoden entstehen Interferenzschichten auf der Probenoberfläche [2]. Für bestimmte Werkstoffe wie z. B. Keramik wird thermisches Ätzen mit einer Auslagerung der Proben bei höheren Temperaturen angewandt.

Die polierte Probe kann beim Ätzvorgang entweder in die Ätzflüssigkeit eingehängt werden oder die Ätzlösung wird durch Bestreichen mit einem Wattebausch aufgetragen [9]. Das Gefüge kann auch auf trockenem Wege durch unterschiedliche Oxidation der angeschnittenen Körner in der polierten Fläche sichtbar gemacht werden, indem durch Erwärmen des Schliffes verschiedene Anlauffarben entstehen [9]. Auch ein elektrolytisches selektives Ätzen ist möglich, wobei Farbätzmittel zum Einsatz gelangen [2].

Nach dem Ätzen in chemischen Lösungen müssen die Schliffe gründlich abgespült, mit Äthylalkohol entwässert und danach mit dem Fön abgetrocknet werden. Die Aufbewahrung der Schliffe und damit ihr Schutz gegen die Atmosphäre erfolgt in besonders abgedichteten Glasbehältern, die man Exsikkatoren nennt.

Weitere Arten des Ätzens sind das thermische Ätzen und das Ionenätzen [14]. Beim Ätzen im Hochtemperaturbereich werden die Furchenbildung an den Korngrenzen, die thermischen Ausdehnungskoeffizienten sowie verschiedene spezifische Volumina der gefügebildenden Phasen untersucht [14]. Das thermische Ätzen findet hauptsächlich Anwendung bei keramischen Werkstoffen, selten bei Metallen [9]. Wenn beim Ionenätzen in einem Rezipienten Ionen eines inerten Gases auf eine Probe auftreffen, so können aus der Oberfläche Gitterbausteine entfernt werden, so dass ein Relief entsteht. Das Verfahren ist besonders geeignet für heterogene und radioaktive Werkstoffe, da berührungsfrei gearbeitet werden kann [14].

1.4.2   Lichtmikroskopie

Am längsten bekannt ist die Lichtmikroskopie. Die mikroskopische Untersuchung wird bei geringer Vergrößerung begonnen. Nach Erfordernis werden höhere Vergrößerungen genutzt. Für eine Gefüge-Analyse sind Vergrößerungen 50×, 100×, 200×, 400×, 500× üblich und ausreichend. In seltenen Fällen ist eine Vergrößerung bis zu 1000× erforderlich. Bei 1000-facher Vergrößerung bewegt man sich aber schon im Grenzbereich des technisch machbaren für die Auflichtmikroskope.

1.4.2.1   Optische Grundlagen

Die Gefügebestandteile müssen mit optischen Methoden, d. h. durch starke mikroskopische Vergrößerung sichtbar gemacht werden. Den Mikroskopierverfahren liegt das Reflexionsvermögen metallischer Flächen zugrunde. Durch geeignete chemische, elektrochemische oder physikalische Behandlungen von Werkstoffproben mit einer durch Schleifen und Polieren eingeebneten Schliffffläche erfahren die Gefügebestandteile unterschiedliche Aufrauhungen. Dementsprechend reflektieren sie unter einem Auflichtmikroskop das einfallende Licht unterschiedlich stark und markieren sich so im Bild in unterschiedlichen Grautönen (Bild 1.28).

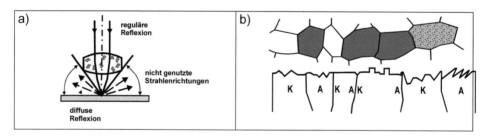

Bild 1.28   Prinzip der mikroskopischen Hellfeldbeleuchtung (a)
Unterschiedliche Aufrauhung der Kornflächen im Schema (b) [1]

Im elektromagnetischen Spektrum kann der Mensch im Wellenlängenbereich zwischen 380 und 780 nm sehen. Verschiedene Wellenlängen des sichtbaren Spektrums werden als unterschiedliche Farben wahrgenommen, wobei das Auge nicht unterscheiden kann, ob es sich um Licht einer Wellenlänge oder um eine Mischung aus Licht mit verschiedenen Wellenlängen handelt.

Bei der Lichtmikroskopie gelten die Gesetze der geometrischen Optik. Beim Auftreffen des Lichtes auf eine polierte Probenoberfläche wird das Licht so reflektiert, dass der Einfallswinkel gleich dem Reflexionswinkel ist. Wenn die Oberfläche der Probe uneben ist, wird das Licht in unterschiedliche Richtungen diffus reflektiert. Welcher Anteil des Lichtes von der Oberfläche reflektiert wird, hängt vom Reflexionsvermögen der Probe ab, das für verschiedene Wellenlängen unterschiedlich groß sein kann. Gold reflektiert z. B. weniger grünes und blaues Licht und erscheint daher in der Komplementärfarbe orange-gelb. Der nicht reflektierte Anteil des Lichtes dringt in die Probenoberfläche ein, wo er bei undurchsichtigen Werkstoffen schnell absorbiert wird. Bei transparenten Werkstoffen wird der Lichtstrahl entsprechend des Brechungsgesetzes aus seiner Einfallsrichtung abgelenkt, das Licht wird gebrochen (z. B. beim Übergang von Luft in Glas). Da die Gesetze der Optik auch für gekrümmte Flächen gelten, werden in den Lichtmikroskopen Sammel- und Zerstreuungslinsen verwendet, die die Lichtstrahlen im Brennpunkt bündeln und somit sowohl die Bildweite, die Bildgröße als auch den Abbildungsmaßstab beeinflussen. Bild 1.29 zeigt ein Mikroskop der Fa. Schütz und Licht.

Bild 1.29   Mikroskop der Fa. Schütz und Licht [10]

In Tabelle 1.4 sind verschiedene Mikroskope und ihr Auflösungsvermögen ($1A = 10^{-10}$ m) aufgeführt.

Strahlenart	Abbildendes System	Auflösungsgrenze (A)
Sichtbares Licht	Auge Lichtmikroskop	700000 = 0,07 mm 1900 = 190 nm
UV - Licht	UV - Mikroskop bei 3650 A bei 2000 A Spiegelmikroskop	1400 800 500
Korpuskelstrahlung	Elektronen-Mikroskop, Spitzengeräte Emissionsmikroskop mit Elektronen Emissionsmikroskop mit Protonen	25 15 5 3
Elektronenstrahlen und sichtbares Licht	Beugungsmikroskop	10 = 1 nm
Zweischritt-Mikroskopie	Zwei-Wellenlängen Übermikroskop	1

Tabelle 1.4   Auflösungsvermögen verschiedener Mikroskope [22]

Bild 1.30 zeigt die Darstellung des Strahlenganges im Mikroskop.

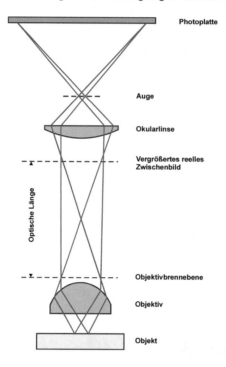

Bild 1.30   Schematische Darstellung des Strahlenganges im Mikroskop [1]

Die Gefügebestandteile werden durch den technologischen Prozess der Metallherstellung und -verarbeitung beeinflusst, d. h. durch ihre Identifizierung und Beschreibung schafft man die Grundlage für eine optimale Werkstoffbehandlung.

Die Metallographie hat auch eine große Bedeutung als Kontrollverfahren für die Produktion und ist das erfolgreichste Untersuchungsverfahren für die Ermittlung von Verarbeitungsfehlern und Schadensursachen.

1.4.2.2   Abbildungsfehler

Da in der Praxis die Idealbedingungen der geometrischen Optik nicht gelten können, entstehen bei der Abbildung der von der Probenoberfläche reflektierten Lichtstrahlen Abbildungsfehler. Sie lassen sich durch apparativen Aufwand insoweit reduzieren, dass sie nicht mehr stören. Man unterscheidet [15]

➢ Farbfehler auch als chromatische Aberrationen bezeichnet (Farblängsfehler, Farbvergrößerungsfehler),

➢ Geometrische Fehler auch als geometrische Aberrationen bezeichnet (Öffnungsfehler, Astigmatismus, Koma,Verzeichnung, Bildfeldwölbung)

➢ Herstellungsbedingte Abbildungsfehler (Linsenfehler, Schlieren, Ausbrüche, Sprünge, Kratzer, Verschmutzungen, Polarisationseffekte).

1.4.2.3   Vergrößerung

Die Größe, unter der ein Gegenstand dem Auge erscheint, ist abhängig von der Größe seines Bildes auf der Netzhaut (Bild 1.31).

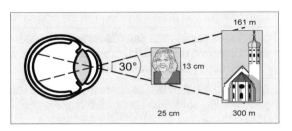

Bild 1.31   Bildgröße und Auflösungsvermögen des Auges [15]

Der Turm der Kirche in 300 m Entfernung ergibt ein gleich großes Netzhautbild wie eine 13 cm große Fotographie in einer Entfernung von 25 cm vom Auge, wobei der Sehwinkel gleich groß ist. Das Auge kann also nur die relative Größe eines Gegenstandes im Sehwinkel wahrnehmen. Erst das Gehirn interpretiert durch Stereosehen der beiden Augen eine absolute Größe. Der Sehwinkel bestimmt auch, wieviel Details eines Gegenstandes wahrgenommen werden können und damit das Auflösungsvermögen. Wird der Sehwinkel vergrößert, können mehr Details eines Gegenstandes gesehen werden. Man definiert eine konventionelle Sehweite von 25 cm, in deren Entfernung das menschliche Auge zwei helle Punkte im Abstand von 0,1 mm gerade noch getrennt wahrnehmen kann. Wenn die Auflösung über diese Grenze hinweg gesteigert werden soll, muss der Sehwinkel durch die Optik der Mikroskope vergrößert werden. Das kann in einer oder in mehreren Stufen erfolgen. Die einstufige Vergrößerung wird bei den Lupen umgesetzt. Sie ergibt sich aus

$$V \quad = \quad \frac{\text{Bildgröße S}}{\text{Gegenstandsgröße f}}$$

und erreicht eine Vergrößerung von bis zu 10-fach. Bei der mehrstufigen Vergrößerung im Lichtmikroskop werden 500 bis 1000-fache, im Rasterelektronenmikroskop 200.000-fache Vergrößerungen erreicht. Nach den Gesetzen der geometrischen Optik würde eine Probenoberfläche vom Mikroskop nur dann scharf abgebildet werden, wenn sie genau in einer bestimmten Ebene liegt. Tatsächlich umfasst der Schärfenbereich nicht nur eine Ebene, sondern einen Tiefenbereich, den man als Schärfentiefe oder auch Tiefenschärfe, axiales Auflösungsvermögen, Abbildungstiefe oder longitudinale Auflösung bezeichnet. Mit steigender Gesamtvergrößerung des Mikroskopes nimmt die Schärfentiefe ab. Bei einer Vergrößerung von 1000 : 1 beträgt die Schärfentiefe ca. 0,5 µm.

1.4.2.4   Lichtquellen

Die Wirksamkeit von Lichtmikroskopen wird wesentlich von ihren Lichtquellen und deren Eigenschaften bestimmt. In Tabelle 1.5 sind Eigenschaften von Lichtquellen zusammengestellt.

Eigenschaft der Lichtquelle	Erläuterung der Eigenschaften
Leuchtdichte	Maß für die Lichtmenge pro Fläche (Stilb). Da das Licht nur einer kleinen Leuchtfläche (mm^2) in den Strahlengang des Mikroskopes fokussiert werden kann, muss die gesamte Lichtmenge von dieser kleinen Fläche abgegeben werden.
Ausdehnung und Form der Leuchtfläche	Man kennt punkt- und linienförmige Lichtquellen, deren Leuchtflächen quadratisch oder rund mit wenigen mm Durchmesser oder Kantenlänge sind.
Helligkeitsverteilung	Die Helligkeit über der abstrahlenden Fläche sollte möglichst gleichmäßig sein, weil sonst eine ungleichmäßige Ausleuchtung des mikroskopischen Bildes eintritt.
Lichtspektrum	Es gibt Lichtquellen mit kontinuierlichem und mit diskretem Spektrum. Lichtquellen mit kontinuierlichem Spektrum (z. B. Glühlampen) eignen sich besonders zur farbneutralen Wiedergabe des mikroskopischen Lichtes (normale Betrachtung, Mikrofotographie). Bei diskreten Lichtquellen werden durch Filter einzelne Spektrallinien ausgeblendet, so dass eine monochromatische Beleuchtung mit großer Helligkeit erreicht wird.
Farbtemperatur	Die Farbtemperatur einer Lichtquelle gibt an, welche Temperatur (K) ein schwarzer Körper haben müsste, um in der gleichen Farbe wie die Lichtquelle selbst zu leuchten. Normales Tageslicht hat eine Farbtemperatur von 5800 K. Lichtquellen mit kleinerer Farbtemperatur leuchten gelblicher oder rötlicher, solche mit höherer Farbtemperatur bläulicher. Bei Farbaufnahmen werden die Farbtöne nur dann natürlich wiedergegeben, wenn die Farbtemperatur von Lichtquelle und Farbfilm aufeinander abgestimmt sind.

Tabelle 1.5   Eigenschaften von Lichtquellen [15]

1.4.2.5   Lichtfilter

Lichtfilter lassen nur einen Teil des Lichtes passieren. Bei einer gleichmäßigen Schwächung der Lichtwellenlängen ändert sich nur die Intensität, nicht die Lichtfarbe. Ist die Schwächung ungleichmäßig und damit für verschiedene Wellenlängen unterschiedlich groß, dann ändert sich auch die spektrale Verteilung des Lichtes. Damit ist es möglich, die Beleuchtung eines Mikroskopes an die individuellen Erfordernisse des Untersuchungsverfahrens anzupassen. Für jede Wellenlänge gilt dann:

Durchgelassenes Licht = einfallendes Licht - absorbiertes Licht - reflektiertes Licht.

Tabelle 1.6 zeigt gebräuchliche Lichtquellen für Lichtmikroskope.

Lichtquelle	Erläuterung der Eigenschaften
Tageslicht	Normales Tageslicht wird nur selten noch in der Makrofotographie oder beim Stereomikroskop eingesetzt.
Konventionelle Glühlampen	Eine Drahtwendel aus Wolfram wird unter Vakuum mittels Strom auf Weißglut erhitzt. Die Arbeits- oder Farbtemperatur beträgt 2800 °C (2073 K). Durch die niedrige Farbtemperatur wird ein Großteil des Lichtes im Infrarot als störende Wärmestrahlung abgegeben. Die Form der Glühwendel ist für eine gleichmäßige Ausleuchtung der Probenoberfläche ungünstig.
Halogen-Glühlampen	Bei Halogenglühlampen wird das abdampfende Wolfram wieder zur Glühwendel zurückgeführt, wodurch eine höhere Lebensdauer und Betriebstemperatur (Farbtemperatur) von ca. 3200 K erreicht werden. Niedervolt-Halogen-Glühlampen (z. B. 12 V / 100 W) sind die gebräuchlichsten Lichtquellen in modernen Mikroskopen.
Kohlebogenlampen	Bei diesen Lampen wird zwischen zwei Graphitelektroden ein elektrischer Lichtbogen gezündet. Danach werden die beiden Elektroden wieder etwas voneinander entfernt, wobei der gleichmäßige Lichtbogen die Elektrodenspitzen auf etwa 4000 °C erhitzt. Die Lampen liefern ein sehr intensives und homogenes Licht mit kontinuierlichem Spektrum.
Hochdruck-Gasentladungslampen	Besonders intensive Lichtquelle. Der gasgefüllte Glaskolben steht unter Hochdruck. Zwischen den Elektroden wird ein Lichtbogen gezündet, der bei niedriger Spannung am Brennen gehalten wird. Das abgegebene Licht besteht aus einem kontinuierlichen und einem Linienspektrum. UV-Sperrfilter sind erforderlich, weil ein Anteil des Lichtes im UV-Bereich liegt.
Blitzlampen	Selten eingesetzte Lampen mit äußerst kurzen Lichtimpulsen zur Aufnahme bewegter Objekte oder dynamischer Prozesse.
Laser	Beinhaltet nur eine einzige Wellenlänge und ist vollkommen kohärent (mit gleicher Phasenlage). Ist für die klassische Lichtmikroskopie wegen der aufwendigen Optik ungeeignet, kann aber zu einem extrem feinen Punkt gebündelt werden.

Tabelle 1.6   Gebräuchliche Lichtquellen für Lichtmikroskope [15]

In Tabelle 1.7 sind eine Reihe von Filtertypen aufgeführt.

Filter	Erläuterung der Eigenschaften
Farbgläser	Bei diesen Filtern wird das Glas durch gelöste Ionen eingefärbt. Ihre Wirkung kann über die Konzentration der Ionen im Glas und die Glasdicke gesteuert werden.
Anlaufgläser	Ausgeschiedene Teilchen bilden den Farbstoff, wobei die Filterwirkung nicht nur von deren Zusammensetzung, sondern auch von der Größe der Teilchen beeinflusst wird.
Interferenzfilter	Im Gegensatz zu den Farbgläsern wird bei diesen Filtern das nichtdurchgelassene Licht reflektiert. Diese Wirkung wird durch Aufdampfen verschiedener in der Schichtdicke auf die gewünschten Wellenlängen abgestimmte Interferenzschichten auf einer Glasscheibe erreicht.
Kontrastfilter	Sie werden zur Verbesserung des Kontrastes zwischen unterschiedlich gefärbten Gefügebestandteilen eingesetzt. Das geschieht nach der allgemeinen Filterregel, wonach gefärbte Gefügebestandteile, die der Filterfarbe entsprechen, hell, die Komplementärfarbe dagegen dunkel abgebildet werden.
Korrektionsfilter	Diese Filter engen das Lichtspektrum so weit ein, dass die chromatischen Fehler der Optik nicht mehr bemerkbar sind.
Selektionsfilter	Solche Filter selektieren das Lichtspektrum, d. h. sie lassen nur einen sehr schmalen Bereich durch, so dass nahezu monochromatisches Licht vorliegt.
Kompensationsfilter	Kompensationsfilter sollen das Lichtspektrum oder die Gesamthelligkeit an die individuellen Anforderungen des Untersuchungsverfahrens anpassen. Gebräuchliche Kompensationsfilter sind Wärmestrahlenfilter, Dämpfungsfilter, Graufilter und Konversionsfilter.

Tabelle 1.7   Filtertypen [15]

1.4.2.6   Beleuchtungsstrahlengang

Der Beleuchtungsstrahlengang ist der gesamte Lichtweg von der Lichtquelle bis zur Probe. Er hat die Aufgabe, die Probe zu beleuchten, wobei folgende Randbedingungen eingehalten werden sollen:

➢ Für die visuelle Betrachtung muss die Probenoberfläche im ausgewählten Bereich ausreichend hell beleuchtet werden. Ist die Helligkeit zu klein, so ergeben sich eine schlechte Sehschärfe und Überanstrengung des Auges. Bei zu großer Helligkeit kann das Auge geblendet werden. Die Helligkeit sollte regelbar sein.

➢ Die Ausleuchtung der Probe muss gleichmäßig und homogen ausgeleuchtet werden.

> Es darf nur der Probenbereich beleuchtet werden, der im Mikroskop betrachtet und foto-graphiert werden soll.

> Die Einfallsrichtung und der Einfallswinkel des Lichtes auf die Probe sollen verändert wer-den können, um optimale Beleuchtungsbedingungen zu erzeugen.

Zum Beleuchtungsstrahlengang werden zugeordnet die Öffnungsblende (Aperturblende), die Leuchtfeldblende, der Illuminator und das Objektiv, deren Aufgabe in der Fokussierung und Ausleuchtung des Lichtes besteht [15].

1.4.2.7   Abbildungsstrahlengang

Der Abbildungsstrahlengang bildet den zentralen Teil eines Mikroskopes, weil in ihm das ver-größerte Bild der Probe entsteht, das vom Auge oder der Aufnahmekamera wahrgenommen wird. Er enthält Objektiv und Okular sowie weiter optische Bausteine, die das optische Bild selbst verändern, wie Filter, Blenden, Prismen, oder aber zur einfacheren Handhabung des Mikroskopes beitragen, wie Strahlteiler und -umlenkungen.

Das Objektiv ist die wichtigste Baugruppe des Abbildungsstrahlenganges. Es bündelt das Licht auf die Probe und nimmt das von der Probe reflektierte, gestreute oder gebeugte Licht wieder auf und leitet es an das Okular weiter. Das Objektiv wird in seiner Vergrößerungswir-kung unterstützt durch den Tubus und das Okular. Beide wirken als Sammellinsen wie eine Lupe, mit der das reelle Zwischenbild des Objektivs vergrößert zum Auge übertragen wird. Deshalb müssen diese Faktoren bei der Ermittlung der Gesamtvergrößerung berücksichtigt werden.

$$V_{Mikroskop} = V_{Objektiv} \times V_{Tubuslinse} \times V_{Okular}$$

In Tabelle 1.8 werden Hinweise für die Kennzeichnung von Objektiven gegeben.

Okulare sind ebenso wie die Objektive meistens aus mehreren Linsen aufgebaut und auf das Objektiv abgestimmt. Das Okular bestimmt die Größe des sichtbaren Probenausschnittes, wodurch der Betrachter erst eine Vorstellung von der Größe der betrachteten Gefüge-bestandteile erhält. Da sich der Probenausschnitt bei jedem Objektivwechsel ändert und auch vom Okular abhängig ist, muss seine Größe jedesmal neu bestimmt werden. Das Objektiv projiziert ein reelles Bild der Probe in die Zwischenbildebene, dessen Größe vom Innen-durchmesser des Mikroskoptubus begrenzt wird. Das Okular bestimmt nun mit seiner Seh-feldblende, welcher Ausschnitt des Zwischenbildes im Auge sichtbar wird.

Bezeichnung am Objektiv	Erläuterung der Kennzeichnung
10 / 0,30 oder 10:1 / N.A. 0,30 oder 10x / 0,30	Maßstabszahl (Abbildungsmaßstab) und Numerische Apertur
∞ oder 160	Bildweite unendlich oder Endlich-Objektiv mit 160 mm Tubuslänge
0,17 oder 0 bzw. o.D.	Deckglas mit 0,17 mm Dicke oder Objektiv wird ohne Deckglas verwendet (häufigster Fall der Auflicht-mikroskopie)
Epi	Objektiv für Auflicht
Apo	Apochromate
W, Oel bzw. Öl, Glyc.	Medium des Immersionsobjektives
HD	Hellfeld- und Dunkelfeldbeleuchtung
DF	Dunkelfeld = Dark field
P bzw. Pol	Objektive für polarisiertes Licht
Ph bzw. Phaco	Phasenkontrast
I	Interferenzmikroskopie
L bzw. LD	Long-distance-Objektive
Q	Quarzglaslinsen für UV-Mikroskopie

Tabelle 1.8   Hinweise für die Kennzeichnung von Objektiven [15]

Die Sehfeldzahl S des Okulars gibt dann den Durchmesser des sichtbaren Ausschnittes an, wenn sie durch das Produkt aus Abbildungsmaßstab des Objektivs und Tubusfaktor geteilt wird.

$$D_{Probe} = \frac{S}{M_{Objektiv} \times F_{Tubus}}$$

Beispiel: Bei einem Objektiv mit Abbildungsmaßstab 10 : 1 und einem Okular mit der Sehfeldzahl 18 und einem Tubusfaktor von 1 beträgt der Probenausschnitt im Mikroskop 1,8 mm.

In Tabelle 1.9 werden Hinweise für die Kennzeichnung von Okularen gegeben.

Bezeichnung am Okular	Erläuterung der Kennzeichnung
10 ×	Lupenvergrößerung des Okulars
Plan bzw. Pl	Der Korrektionsgrad für Planokulare
K	Der Korrektionsgrad für Kompensationsokulare
PK	Der Korrektionsgrad für Plan- Kompensationsokulare
10	Abstand des Auges vom Okular 10 mm
WF	Weitfeldokulare
18	Sehfeldzahl = 18
H	Angabe über die Bauweise für Huygenssche Okulare
O	Angabe über die Bauweise für orthoskopische Okulare

Tabelle 1.9   Hinweise für die Kennzeichnung von Okularen [15]

1.4.2.8   Beleuchtungsarten

Die Beleuchtungsart trägt durch geeignete Strahlführung und Beeinflussung des Lichtes dazu bei, dass kleine Helligkeits- und Farbunterschiede verstärkt werden. Tabelle 1.10 gibt einen Überblick über die Wechselwirkungen des Lichts mit der Probenoberfläche und zeigt die Beleuchtungsarten, mit denen diese besonders hervorgehoben werden können.

Die Standard-Beleuchtungsart der metallographischen Mikroskope ist trotz der Vielfalt der Beleuchtungsarten die Hellfeldabbildung. Sie gibt eine klare und übersichtliche Abbildung des Gefüges, während die meisten anderen Beleuchtungsarten bestimmte Einzelheiten so stark betonen, dass der Überblick verloren gehen kann und das Bild aufwendig interpretiert werden muss.

Bei der direkten Untersuchung einer Probe kann die Erprobung anderer als der Hellfeldbeleuchtung teilweise von Nutzen sein. Einzelheiten können sichtbar werden, die bei der Hellfeldabbildung nicht sichtbar sind [15].

Wechselwirkung des Lichts mit der Probe	Beleuchtungsart	Spezifische Informationen
Reflexion des Lichts an glatten und ausreichend rauhen Bereichen, Flächen, die einen ausreichenden Helligkeits- und Farbkontrast liefern	Hellfeldabbildung	Klare und übersichtliche Darstellung der Informationen über das Gefüge ohne die Notwendigkeit einer aufwendigen Interpretation des Bildes.
Reflexion und Streuung des Lichts an gröberen Stufen und Kanten im Gefüge	Schrägbeleuchtung	Relief mit plastischem Bildeindruck, Unterscheidung von Erhöhungen und Vertiefungen im Gefüge.
Reflexion und Beugung des Lichts an feinsten Stufen und Kanten im Gefüge	Dunkelfeldabbildung	Hervorheben von feinsten Korngrenzenstufen, Ausscheidungen, Rissen und Poren, Kratzern, die im Hellfeld überstrahlt würden.
Bevorzugte Reflexion und Absorption bestimmter Lichtwellenlängen (Farben) durch die Eigenfarbe von Gefügebestandteilen	Hellfeldabbildung	Größere flächige und stark gefärbte Gefügebestandteile im Hellfeld. Kleinere oder schwächer gefärbte Gefügebestandteile besser im Dunkelfeld oder polarisierten Licht.
Drehung der Polarisationsebene des einfallenden Lichts durch Reflexion an einem nichtkubischen Kristallgitter	Polarisiertes Licht	Korngröße und -form auch im ungeätzten Zustand, qualitative Aussagen über Orientierungsunterschiede der Kristallite und Texturen
Kleine Phasenunterschiede im Licht durch feinste Höhenunterschiede (submikroskopisches Relief) oder unterschiedliche Phasen bei der Reflexion an verschiedenen Gefügeteilen	Quantitativ: Interferenzmikroskopie Qualitativ: Kontraste im Bild	Kontrastierung des Gefüges über das Oberflächenrelief oder durch unterschiedliche optische Eigenschaften der Gefügebestandteile auch im ungeätzten Zustand

Tabelle 1.10 Überblick über Wechselwirkungen des Lichts mit der Probenoberfläche [15]

1.4.3   Elektronenmikroskopie

Diese Mikroskope (REM) (Bilder 1.33 bis 1.35) haben einerseits eine wesentlich höhere Auflösung (bis 0,01 µm) und andererseits auch eine größere Tiefenschärfe (bei 50 : 1 ca. 10 mm und bei V = 10000 : 1 ca. 1 µm) [6]. Vergrößerungen sind bis zu 100000-fach möglich. Im Rasterelektronenmikroskop wird die Probenoberfläche mit einem sehr dünnen Elektronenstrahl zeilenförmig abgerastert, wobei durch das Auftreffen der Primärelektronen des Strahls Sekundärelektronen herausgelöst werden, die von einem Elektronendetektor aufgefangen werden. Nach elektronischer Verstärkung wird die örtliche Verteilung der Sekundärelektronen auf einem Bildschirm wiedergegeben [7]. Eine rasterelektronenmikroskopische Aufnahme zeigt Bild 1.32.

Bild 1.32   REM Aufnahme an Gusseisen mit Lamellengraphit [14]

Das Rasterelektronenmikroskop wurde im Jahre 1937 von Manfred von Ardenne erfunden. Er entwickelte und baute das erste hochauflösende Rasterelektronenmikroskop mit starker Vergrößerung und Abtastung eines sehr kleinen Rasters (Seitenlänge 10 µm; Auflösung in Zeilenrichtung 10 nm) mit einem zweistufig verkleinerten und feinfokussierten Elektronenstrahl (Sondendurchmesser 10 nm). Von Ardenne verwendete das Abtastprinzip nicht nur, um einen weiteren Weg in der Elektronenmikroskopie zu eröffnen, sondern auch gezielt, um den chromatischen Fehler zu eliminieren, der Elektronenmikroskopen inhärent ist. Er beschrieb und diskutierte in seinen Publikationen die theoretischen Grundlagen des Rasterelektronenmikroskops und die verschiedenen Detektionsmethoden und teilte seine praktische Ausführung mit [25]. Die Probe muss vakuumstabil sein, da die Untersuchung im Hochvakuum bzw. beim ESEM in einem leichten Vakuum stattfindet. Varianten der Rasterelektronenmikroskopie sind:

- **ESEM**: Environmental Scanning Electron Microscope [23].

Eine Variante der Rasterelektronenmikroskope stellt das ESEM dar, bei dem nur die Elektronenstrahlerzeugung im Hochvakuum stattfindet. Die Probenkammer und die elektronenoptische Säule, in der sich die Strahlmanipulation befindet, stehen nur unter einem leichten Vakuum. Dabei wirkt das Restgas in der Kammer als Oszillator und Verstärker. Außerdem sorgt das Restgas für eine Ladungskompensation, so dass keine Beschichtung der Proben benötigt wird.

- **STEM**: Rastertransmissionselektronenmikroskop [23].

Das Rastertransmissionselektronenmikroskop ist eine spezielle Variante des Transmissionselektronenmikroskops. Bei diesem Verfahren befindet sich der Detektor hinter der Probe (in Richtung des Elektronenstrahls gesehen). Es wird also die Streuung der Elektronen in Transmission gemessen. Dazu muss die Probe sehr dünn sein (typischerweise zwischen 50 und 500 nm). Seit einiger Zeit gibt es auch Halbleiterdetektoren für Rasterelektronenmikroskope.

- **SEMPA**: Rastertransmissionselektronenmikroskop mit Polarisationsanalyse [23].

Das Rastertransmissionselektronenmikroskop mit Polarisationsanalyse (engl. scanning electron microscope with polarization analysis) ist eine spezielle Variante des Rasterelektronenmikroskops. Bei diesem Verfahren wird nicht nur die Anzahl, sondern zusätzlich auch der Spin der Sekundärelektronen (SE) im Detektor analysiert. Hierbei werden zwei Komponenten des Elektronenspins gleichzeitig gemessen. Wird eine magnetische Probe untersucht, so sind die austretenden Sekundärelektronen Spin-polarisiert. Durch eine ortsabhängige Untersuchung der Spin-Polarisation der SE kann ein Bild der magnetischen Domänenstruktur der Probenoberfläche gewonnen werden.

Bild 1.33   Arbeitsplatz des REM von WZR Ceramic Solutions GmbH [24]

Bild 1.34   REM der Fa. DUPLICON [23]

Bild 1.35   Erstes Rasterelektronenmikroskop (von Manfred von Ardenne, 1937) [23] [25]

1.4.4 Untersuchungen mit der Mikrosonde

Mit Hilfe der Mikrosonde kann die chemische Zusammensetzung eines Werkstoffes in mikroskopisch kleinen Gebieten festgestellt werden. Ein Elektronenstrahl von ca. 1 μm Durchmesser wird über die zu untersuchende Probenoberfläche geführt. Die Atome werden durch den Elektronenstrahl zur Emission charakteristischer Röntgenstrahlung angeregt, die mit einem Kristallspektrometer oder einem Halbleiterdetektor analysiert wird [14]. In den Bildern 1.36 und 1.37 sind das Bild eines Oberflächenreliefs und der Arbeitsplatz an der Mikrosonde der UNI Mainz wiedergegeben

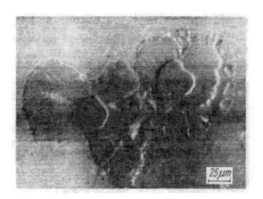

Bild 1.36   Oberflächenrelief aufgenommen mit einer Mikrosonde [14]

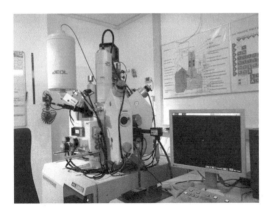

Bild 1.37   Arbeitsplatz an der Mikrosonde der UNI Mainz [26]

1.4.5 Durchstrahlungs-Elektronenmikroskopie

Dieses Elektronenmikroskop wird auch mit TEM bezeichnet, weil es ein Transmissions-Elektronenmikroskop ist [7]. Elektronenstrahlen werden an Gitterbaufehlern gebeugt, so dass Interferenzen entstehen, die nach Vergrößerung als Hell-Dunkel-Bild abgebildet werden. Vergrößerungen sind bis zu 10^6-fach möglich, die Auflösung kann bis unter 1 nm, d. h. 10^{-9} m, betragen, womit der Bereich der Gitterkonstanten erreicht wird. Diese Technik erlaubt die Untersuchung von Versetzungserscheinungen und von Diffusionsprozessen. Dabei werden sehr dünne Proben verwendet [7].

1.5 Quantitative Metallographie

1.5.1 Korngrößenbestimmung

Die Korngröße beeinflusst zahlreiche physikalisch-technische Eigenschaften wie Festigkeit, Härte, Dehnung, Kerbschlagzähigkeit, Tiefziehfähigkeit, Härtbarkeit, Zerspanbarkeit. Sie kann durch die Gestaltung der Gieß-, Verformungs- und Glühprozesse variiert werden. Die richtige Durchführung dieser Metallverarbeitungsprozesse kann durch Korngrößenmessung und andere Gefügebestimmungen kontrolliert werden. Für derartige, technologisch orientierte Kontrollen wird als Korngröße eines Metalls die im Schliff sichtbare mittlere Größe der Korn-schnittflächen oder die mittlere Größe der Korndurchmesser ermittelt [8].

Nur in Sonderfällen werden über mathematische Ansätze die eigentliche Korngröße bzw. das wahre Kornvolumen oder auch die spezifische Korngrenzenfläche errechnet und ihre statistische Verteilung bestimmt. Um die Korngröße kennzeichnen zu können, wird eine Korngrößen-Kennzahl G definiert, die sich ableitet von der gezählten Anzahl m der auf einer Fläche von 1 mm^2 der metallographischen Schliffebene vorhandenen Körner. Definitions-gemäss ist G = 1 für m = 16; die anderen Indices ergeben sich aus den Gleichungen

$$m = 8 \times 2^G \quad \text{und} \quad G = \frac{\log m}{\log 2} \quad .$$

Die Korngrößenbestimmung erfolgt in der Regel bei 100-facher Vergrößerung und kann nach verschiedenen Verfahren durchgeführt werden. Man unterscheidet folgende Verfahren.

1.5.1.1 Bestimmung der Korngrößen-Kennzahl G durch Vergleich mit einer Bildreihentafel

Die Eigenschaften einer Legierung werden durch die Eigenschaften der einzelnen Gefüge-bestandteile mit bestimmt, so dass die Bewertung deren relativer Mengenverhältnisse für die Beurteilung der Legierungseigenschaften bedeutungsvoll ist. Dabei wird das auf dem Bild-schirm oder einer Mikrogefügeaufnahme untersuchte Beobachtungsfeld mit einer Reihe genormter Bildtafeln nach ASTM E 112 [27] verglichen (siehe Bild 1.38). Die Vergrößerun-gen müssen dafür übereinstimmen. Diese Gefügebilder im Abbildungsmaßstab 100 : 1 sind so nummeriert, dass ihre Nummer gleich der Korngrößen-Kennzahl G 1 bis G 10 ist. Man bestimmt dann dasjenige Bild der Reihe, dessen Korngröße derjenigen der untersuchten Be-obachtungsfelder der Probe am besten übereinstimmt. Weicht der Abbildungsmaßstab ab, so ist die gewählte Vergrößerung folgendermassen zu berücksichtigen:

$$G = M + 6{,}64 \times \log \frac{g}{100}.$$

In Tabelle 1.11 werden die Zusammenhänge zwischen den Korngrößen-Kennzahlen für übliche Vergrößerungen angegeben.

Vergrößerung des Beobachtungsfeldes	Korngrößen-Kennzahl für ein Beobachtungsfeld, das durch die folgende Nummer der Richtreihentafel gekennzeichnet wird							
25	-3	-2	-1	0	1	2	3	4
50	-1	0	1	2	3	4	5	6
100	1	2	3	4	5	6	7	8
200	3	4	5	6	7	8	9	10
400	5	6	7	8	9	10	11	12
500	5,6	6,6	7,6	8,6	9,6	10,6	11,6	12,6
800	7	8	9	10	11	12	13	14

Tabelle 1.11   Zusammenhänge zwischen den Korngrößen-Kennzahlen
für übliche Vergrößerungen [28]

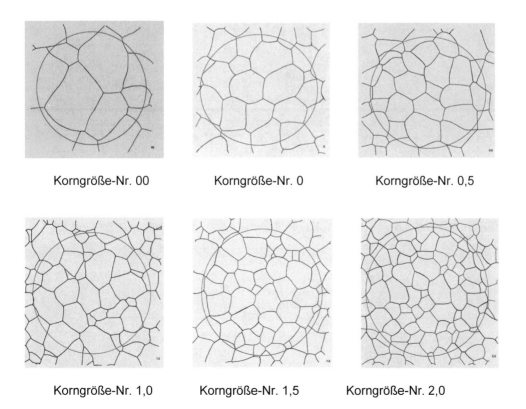

Korngröße-Nr. 00   Korngröße-Nr. 0   Korngröße-Nr. 0,5

Korngröße-Nr. 1,0   Korngröße-Nr. 1,5   Korngröße-Nr. 2,0

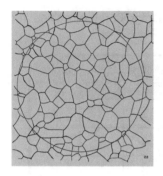

Korngröße-Nr. 2,5

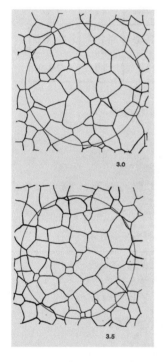

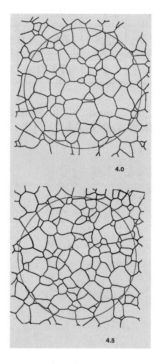

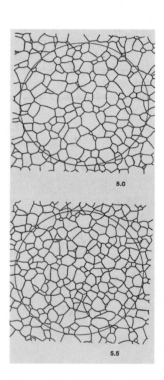

Korngröße-Nr. 3,0 und 3,5   Korngröße-Nr. 4,0 und 4,5   Korngröße-Nr. 5,0 und 5,5

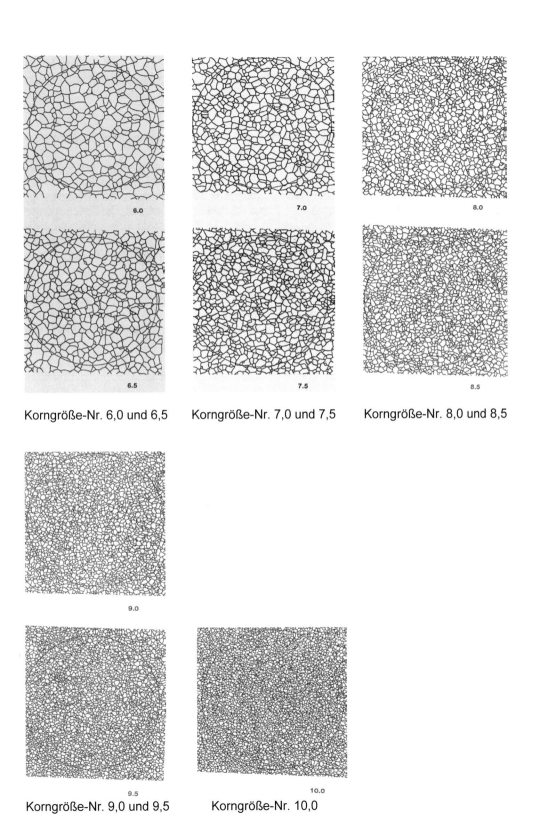

Korngröße-Nr. 6,0 und 6,5   Korngröße-Nr. 7,0 und 7,5   Korngröße-Nr. 8,0 und 8,5

Korngröße-Nr. 9,0 und 9,5   Korngröße-Nr. 10,0

Bild 1.38   Bildreihentafel aus ASTM E 112 für die Vergrößerung V = 100:1

51

Unabhängig davon, ob die Schätzung durch Vergleich oder Zählung durchgeführt wird, ist die erreichte Genauigkeit selten größer als eine halbe Einheit. Die angegebene Kennzahl muss auf eine ganze Zahl gerundet werden.

1.5.1.2 Bestimmung der Korngrößen-Kennzahl G nach dem Linienschnittverfahren

Auf einem Projektionsschirm, einem Rasternetz, einem Monitor oder einer Mikrogefügeaufnahme einer für das Produkt repräsentativen Probe wird bei einer bekannten Vergrößerung g die Anzahl der Schnittpunkte gezählt, die zwischen einer Messlinie bekannter Länge mit den Körnern N oder mit den Korngrenzen P auftreten. Die Messstrecke ist üblicherweise gerade, kann aber auch kreisförmig sein. Das in Bild 1.39 dargestellte Messgitter zeigt die Arten der empfohlenen Messlinien. Das Gitter muss nur einmal auf ein zu untersuchendes Beobachtungsfeld aufgebracht werden. Es wird zufällig auf eine ausreichende Anzahl von Bildfeldern angewendet, um eine gültige Zählung zu erhalten.

Beim **Linienschnittsegment-Verfahren** können sowohl die konzentrischen Kreislinien als auch die diagonal oder senkrecht bzw. waagerecht verlaufenden Linien des Gitters zur Korngrößen- bzw. Korngrenzenbestimmung benutzt werden. Bei Auszählung der Anzahl der Schnittpunkte mit den Körnern N gilt:

N = 1   Wenn ein Korn von einer Messlinie durchquert wird.

N = 1/2   Wenn eine Messlinie in einem Korn endet.

N = 1/2   Wenn das Ende einer Messlinie gerade ein Korn erreicht

Bild 1.39   Messgitter für das Linienschnittsegment-Verfahren [28]

Bei Auszählung der Anzahl der Schnittpunkte mit den Korngrenzen P gilt:

P = 1   Wenn eine Korngrenze von einer Messlinie durchschnitten wird.

P = 1   Wenn eine Messlinie eine Tangente zu einer Korngrenze bildet.

P = 1,5   Wenn der Schnittpunkt mit einer Messlinie auf einen Tripelpunkt fällt.

Die Vergrößerung muss so ausgewählt werden, dass mindestens 50 Schnittpunkte in einem einzigen Beobachtungsfeld gezählt werden.

Beim Kreisschnitt-Verfahren wird die im Bild 1.40 dargestellte Anordnung der Kreise empfohlen. Die Messlinie besteht dann entweder aus allen drei Kreisen oder nur aus einem einzelnen Kreis. Wenn die Auswertung mit Hilfe nur eines Kreises erfolgt, ist der größte Kreis anzuwenden, dessen Umfang 250 mm beträgt. In diesem Fall muss die Vergrößerung so ausgewählt werden, dass mindestens 25 Schnittpunkte zu zählen sind. Die jeweiligen Mittelwerte N_{MW} oder P_{MW} werden errechnet aus

$$N_{LMW} = N_{MW} / L_T \quad \text{und} \quad P_L = P_{MW} / L ,$$

wenn L_T die wahre Länge der Messlinie ist.

1.5.1.3 Bestimmung der Korngrößen-Kennzahl G nach Snyder und Graff

Dieses Verfahren ist eine spezielle Anwendung des Linienschnitt-Verfahrens unter Anwendung von Geraden auf die Bestimmung der Austenitkorngröße von Schnellarbeitsstählen und von Stählen mit besonders feinem Korn in gehärtetem und angelassenem Zustand, bei der eine Vergrößerung von 100 : 1 nicht ausreicht. Bei einer Vergrößerung von 1000 : 1 wird eine Zählung der von fünf Messstrecken von je 125 mm Länge geschnittenen Anzahl Körner an regelos verteilten oder nach einem Rasternetz angeordneten Stellen des Schliffes durchgeführt. Der aus den fünf Einzelmessungen erhaltene arithmetische Mittelwert der Anzahl geschnittener Körner drückt die „Snyder-Graff-Kornzahl" als Ergebnis aus [28].

1.5.1.4 Bestimmung der Korngrößen-Kennzahl G nach dem Flächenauszählverfahren

Zur Veranschaulichung wird nachfolgend das Flächenauszählverfahren kurz beschrieben, siehe Bild 1.40 und DIN EN ISO 643 [29].

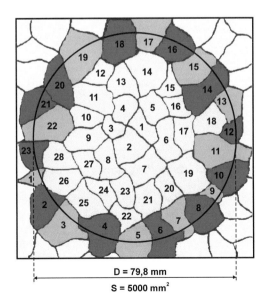

Bild 1.40   Auswertung der Anzahl von Korngrenzen innerhalb eines Kreises [29]

Die Anzahl der ganzen Körner (n_1) und die Anzahl der vom Kreis geschnittenen Körner (n_2) werden gezählt. Die Gesamtzahl der Körner (n_{100}) auf der Fläche von 5000 mm^2 ergibt sich bei 100-facher Vergrößerung aus

$$n_{100} = n_1 + \frac{n_2}{2}$$

Die Anzahl der Körner (m) auf 1 mm^2 Schlifffläche ergibt sich aus

$$m = 2 \times n_{100},$$

bei anderen Vergrößerungen ist

$$m = \frac{2\,g^2 \times ng}{100}$$

mit g als Vergrößerung.

Die mittlere Fläche des Kornquerschnittes (a) in mm^2 ergibt sich aus

$$a = \frac{1}{m}$$

und der mittlere Korndurchmesser (d_m) in mm aus

$$d_m = \frac{1}{\sqrt{m}} \quad .$$

1.5.1.5 Bestimmung der Korngröße nach dem Vergleichsverfahren

Für die Bestimmung nach dem Vergleichsverfahren werden die ausgewählten Blickfelder mit der Richtreihe verglichen. Entweder wird das direkte Okularbild oder eine Mattscheiben-projektion für den Vergleich benutzt. Die Beurteilung wird bei einer Vergrößerung von 100:1 durchgeführt, kann aber auch bei anderen Vergrößerungen stattfinden. Maßgeblich ist das Bild der Richtreihe, das dem untersuchten Bildausschnitt am nächsten kommt [30].

1.5.1.6 Bestimmung einer durchschnittlichen prozentualen Korngröße KG

Eine weitere Möglichkeit zur Bestimmung der Korngröße insbesondere einer durchschnittlichen Korngröße bei sehr unterschiedlichen Korngrößen besteht darin, dass man die jeder Korngröße entsprechende Anzahl von Körnern KZ_n nach der Formel

$$KZ_n = \frac{\text{Fläche}}{\text{Korngröße}} = \frac{F_n}{Kg_n}$$

berechnet. Die mittlere Korngröße Kg_m ergibt sich dann als Quotient der Bildfläche, die gleich 100 % gesetzt wird und der Gesamtzahl der Körner entsprechend

$$Kg_m = \frac{100}{F_1 / Kg_1 + F_2 / Kg_2 + F_n / Kg_n},$$

wobei aus mehreren Bildflächen die für eine Probe charakteristische Korngröße ermittelt wird. Nachfolgendes Bild 1.41 soll diese Methode erläutern.

Folgende Korngrößen Kg_n sind vorhanden:

Kg_1 = 16000 µm zu 50 %,

Kg_2 = 8000 µm zu 25 %,

Kg_3 = 4000 µm zu 25 %.

Es ergibt sich

$$Kg_m = \frac{100}{50/16000 + 25/8000 + 25/4000} = \underline{8000 \ \mu m}$$

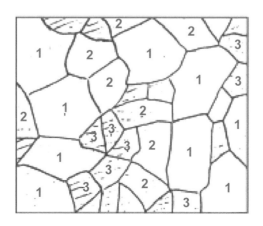

Bild 1.41   Bildbeispiel für die Feststellung einer durchschnittlichen Korngröße [28]

1.5.2   Graphiteinstufung

Die Anwendung von Richtreihen zur Bestimmung von Mengenanteilen und Größen einzelner Gefügebestandteile vereinfachen die Arbeitsgänge. Beispielsweise können nach der Norm DIN EN ISO 945 Form, Anordnung und Größe des Graphits in Gusseisen anhand von idealisierten Richtreihenbildern mit den im Mikroskop beobachteten Gefügeausschnitten verglichen und eingeordnet werden. Die in den Richtreihen dargestellten Graphitteilchen stellen die Hauptarten in Gusseisen dar. Es ist jedoch bekannt, dass gelegentlich auch andere Formen vorkommen. Das Ausmessen der Graphitteilchen kann dabei mit Hilfe von kalibrierten Okularen durchgeführt werden.

Dieses Verfahren bedeutet schnelles Kennzeichnen der Graphitausbildung, einfachere Verständigung, übersichtliche Darstellung der beobachteten Befunde, statistische Auswertungen und Einsparungen an fotographischem Aufwand. Die Richtreihen können jedoch keine Hinweise auf die Entstehung des Graphits bzw. der Graphitausbildung und die Verwendung der untersuchten Werkstoffe geben. Man unterscheidet nach DIN EN ISO 945 [31] und VDG-Merkblatt P 441 [32] Richtreihenbilder für die

➢ **Graphitform:**   6 Formen gekennzeichnet von I bis VI (Bild 1.42a).

➢ **Graphitanordnung:**   5 Anordnungen mit Buchstaben A bis E gekennzeichnet (Bild 1.42b).

➢ **Graphitgröße:**   8 Größen gekennzeichnet von 1 bis 8 (siehe auch Bild 1.42c
                                       und Tabelle 1.12).

Richtzahl	Abmessungen der Teilchen (mm) bei 100facher Vergrößerung	Wahre Abmessung (mm)
1	> 100	> 1
2	50 bis 100	0,5 bis 1
3	25 bis 50	0,25 bis 0,5
4	12 bis 25	0,12 bis 0,25
5	6 bis 12	0,06 bis 0,12
6	3 bis 6	0,03 bis 0,06
7	1,5 bis 3	0,015 bis 0,03
8	< 1,5	< 0,015

Tabelle 1.12   Abmessungen der Graphitteilchen der Formen I bis VI [31]

Beispiele: Typ I A 4   Form I, Anordnung A, Größe 4 mit 12 bis 25 mm Länge bei V = 100:1

Typ VI A 6   Form VI, Anordnung A, Größe 6 mit 3 bis 6 mm Länge bei V = 100:1

Typ 60 % I A 4 + 40% I D 7   60 % Form I, Anordnung A, Größe 4 und
(Mischform) 40 % Form I, Anordnung D, Größe 7 bei V = 100:1

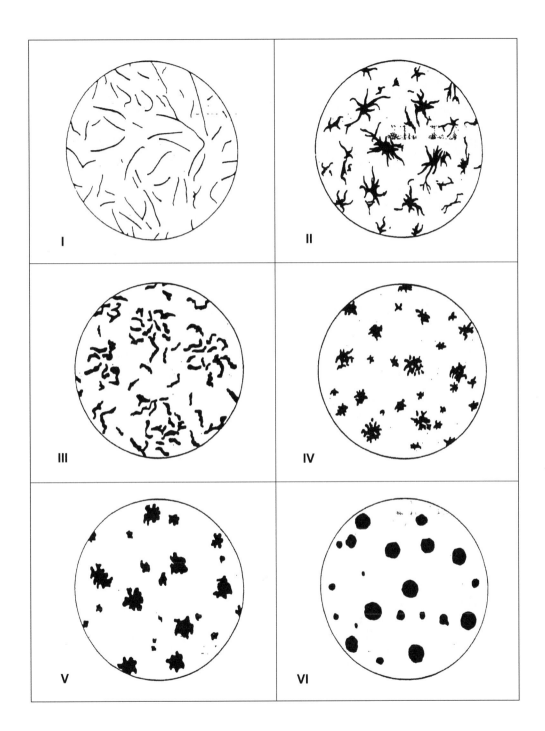

Bild 1.42a   Richtreihenbilder für die Graphitform (I bis VI)

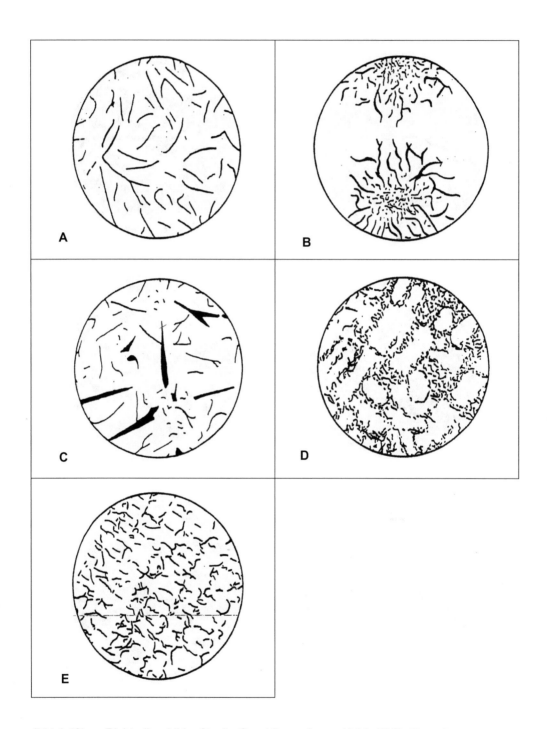

Bild 1.42b   Richtreihenbilder für die Graphitanordnung (A bis E) für Form I

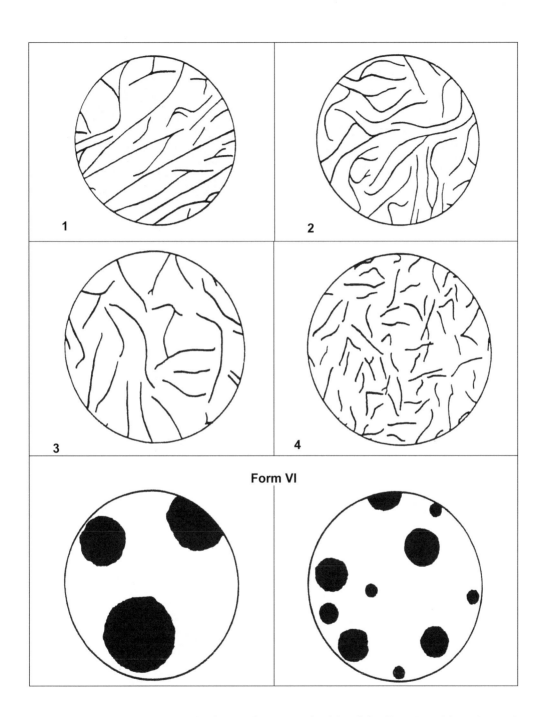

Bild 1.42c   Richtreihenbilder für die Graphitgröße 1 bis 2 für Form I und Anordnung A sowie Graphitgröße 3 bis 4 für Form I und VI, Anordnung A

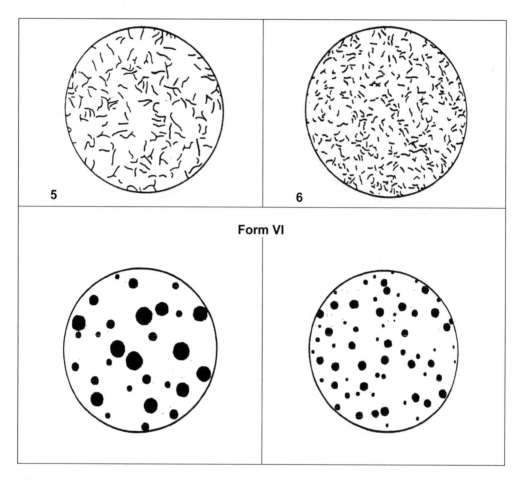

Form VI

Bild 1.42c Richtreihenbilder für die Graphitgröße 5 bis 6 für Form I und VI, Anordnung A

Form I

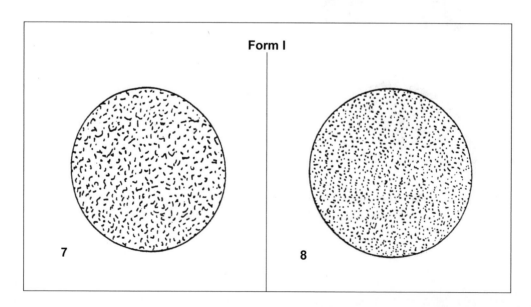

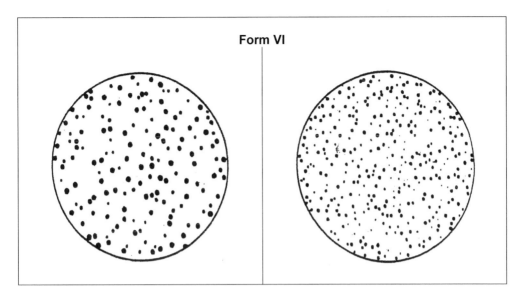

Bild 1.42c   Richtreihenbilder für die Graphitgröße 7 bis 8 für die Formen I und VI, Anordnung A nach DIN EN ISO 945

Eine weitere Richtreihe zur Kennzeichnung der Graphitgröße bei Grauguss ist die ASTM-Richtreihe, siehe Bild 1.43.

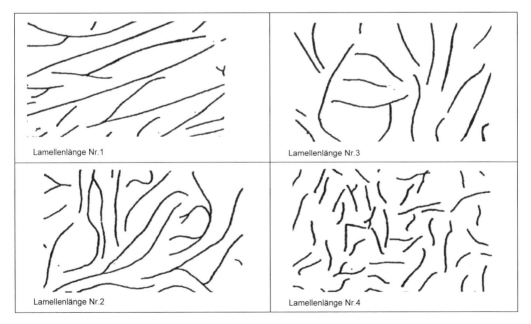

Bild 1.43a   ASTM-Richtreihe für die Lamellenlänge von Graphit für die Vergrößerung V = 100 : 1 und Lamellenlänge-Nr.1 bis 4

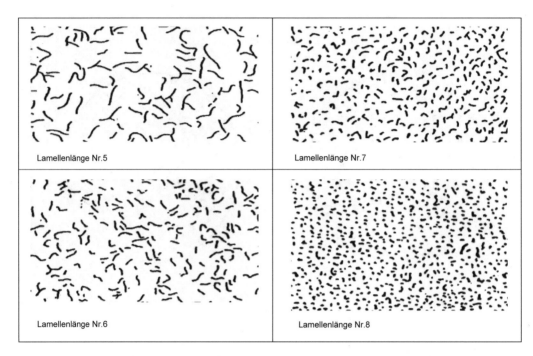

Bild 1.43 b ASTM-Richtreihe für die Lamellenlänge von Graphit für die Vergrößerung V = 100 : 1 und Lamellenlänge-Nr.5 bis 8

Die den ASTM-Nummern zuzuordnenden mittleren Längen der Graphitlamellen sind in Tabelle 1.13 aufgeführt [31].

ASTM - Nr.	Mittlere Länge der Graphitlamellen in mm bei V = 100 :1
1	>100
2	100 bis 50
3	50 bis 25
4	25 bis 12
5	12 bis 6
6	6 bis 3
7	3 bis 1.5
8	<1.5

Tabelle 1.13 Mittlere Länge der Graphitlamellen entsprechend der ASTM-Richtreihe [1]

1.5.3 Reinheitsgradbestimmung

Eine weitere Gefügerichtreihe von allgemeiner Bedeutung ist z. B. die Richtreihe zur mikroskopischen Prüfung von Edelstählen auf nichtmetallische Einschlüsse nach DIN 50602 [32]. Der Reinheitsgrad ist im Sinne dieser Norm eine Angabe über den Gehalt an nichtmetallischen Einschlüssen in Form von Sulfiden und Oxiden, die von der Erschmelzung im Kontakt mit der nichtmetallischen Auskleidung der Öfen, Pfannen und Gießwege, von Oxidation durch Luft oder Schlackenabdeckungen stammen und auch eine Folge der Desoxidation sein können. Art, Größe, Gestalt und Menge der nichtmetallischen Einschlüsse hängen von der Stahlmarke, dem Erschmelzungs- und Gießverfahren, der Desoxidationsmethode, den Maßen des Gussblocks oder Gießstrangs und vom Umformgrad ab. Ihre Verteilung ist selbst in den aus einer Schmelze gefertigten Erzeugnissen niemals gleich.

Die mikroskopischen Einschlüsse haben eine maximale Fläche im Schliff von 0,03 mm^2, was im Mikroskop bei einer Vergrößerung von 100 : 1 einer Einschlusslänge von 100 mm bei einer Breite von 3 mm oder unter Berücksichtigung anderer Verformungsgrade mit entsprechenden Längen-Breiten-Verhältnissen bei gleichem Flächeninhalt der Einschlüsse einer kleineren oder größeren Länge entspricht. Man unterscheidet nach DIN 50602 [33] die Verfahren M (Maximale Größenwerte von unterschiedlichen Einschlusstypen) und K (Kennwert des Flächenanteiles der Einschlusstypen im Gefüge als Summenwert der flächenproportionalen Auszählung ab einer bestimmten Einschlussgröße, bezogen auf eine Fläche von 1000 mm^2) zur Ermittlung der Einschlüsse:

Die Anforderungen an die Reinheitsgradbestimmung nach DIN 50602 sind schon aus der Kennzeichnung ersichtlich, wie z. B. „Prüfung DIN 50602-K4" bedeutet Verfahren K und Zählung von Einschlüssen ab Größenkennziffer 4. Schlackenrichtreihen gestatten die zahlenmäßige Festlegung der Menge und Verteilung von nichtmetallischen Einschlüssen in Stählen. Dabei wird zwischen plastisch verformbaren (p) und spröden Einschlüssen (s) unterschieden (siehe Bild 1.44).

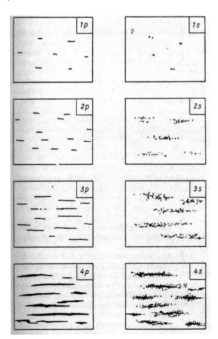

Bild 1.44   Modell einer Schlackenrichtreihe [1]

Man unterscheidet nach Bild 1.45 folgende Einschlusstypen:

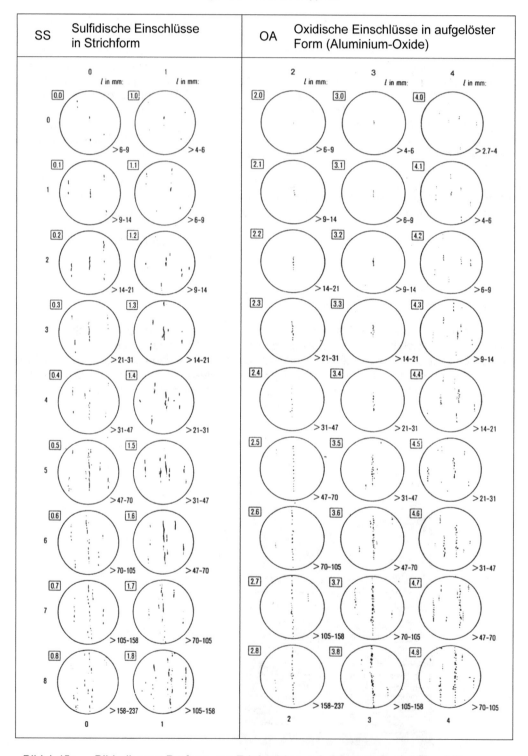

Bild 1.45a   Bildreihe zur Prüfung von Edelstählen auf nichtmetallische Einschlüsse

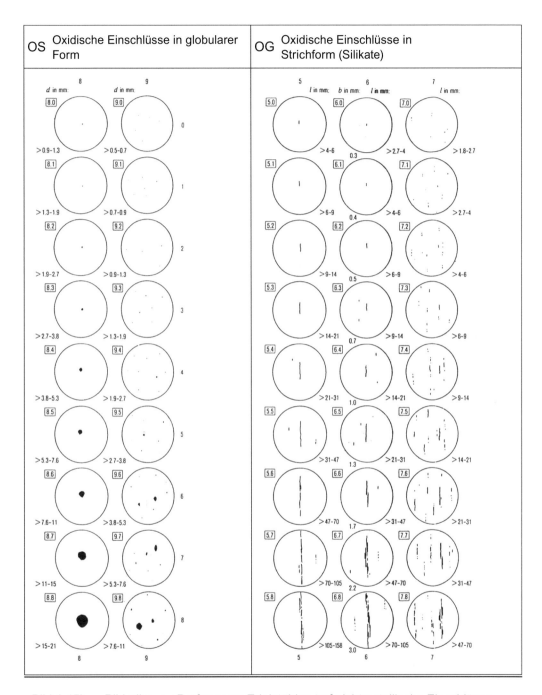

Bild 1.45b   Bildreihe zur Prüfung von Edelstählen auf nichtmetallische Einschlüsse nach DIN 50602 (Fortsetzung) [33]

1.5.4 Härtemessung zur Gefüge-Charakterisierung und für Gefügeveränderungen

Die Härtemessung ist in DIN EN ISO 6506–1 [34], 6507-1 [35] und 6508-1 [36] genormt. Man unterscheidet darin zwischen Brinell-, Vickers- und Rockwellprüfung. Besonders geeignet für die Gefügeuntersuchungen ist die Vickershärteprüfung, wobei man diesbezüglich zwischen Kleinkraft- und Mikrohärteprüfung unterscheidet. Eine Einteilung in die Härtebereiche für die zu untersuchenden Werkstoffe enthält Tabelle 1.14.

Härtebereich	Prüfkraftbereich
Makrohärte	$F \geq 49,03$
Kleinkrafthärte (auch Kleinlasthärte)	$1,961 \leq F < 49,03$
Mikrohärte	$0,09807 \leq F < 1,961$
Ultramikrohärte	$0,000049 \leq F < 0,09807$

Tabelle 1.14   Einteilung der Härtebereiche in Abhängigkeit von der Prüfkraft [35]

Grundsätzlich gilt für die Mikrohärtemessung:

➢ Sie ist keine Miniaturisierung der Makrohärte. Sie liefert Ergebnisse aus der Anfangsphase der Härteprüfung sowie zusätzliche Informationen.

➢ Sie ist eine gefügeempfindliche wissenschaftliche Methode, da die Mikrohärteeindrücke in der Größenordnung der Gefügebestandteile liegen.

➢ Sie ist einsetzbar für alle festen Werkstoffe, da eine plastische Verformung durch Versetzungsbewegung bei Raumtemperatur selbst bei extrem harten Materialien möglich ist.

➢ Sie erlaubt im Allgemeinen keine lineare Übertragbarkeit der Härtewerte unterschiedlich harter Phasen.

Auch wenn der absolute Härtewert durch die in der Praxis angewandten unterschiedlichen Prüfmethoden und Prüflasten wegen der komplex ablaufenden elastisch-plastischen Vorgänge keine exakte metallkundliche Aussage erlaubt, so können doch durch die statistisch abgesicherten Härtewerte einer Messreihe durch relativen Vergleich sehr empfindlich Gefügeveränderungen auch im Mikrobereich nachgewiesen werden. Bild 1.47 zeigt beispielhaft eine Messreihe für die Kleinkrafthärte mit dem Gefüge eines Vergütungsstahles.

Für die Härteprüfung im mikroskopischen Bereich wird auch die Knoophärte HK eingesetzt, die mit einem Diamanten in Form einer ungeraden Pyramide mit Kantenwinkeln von 172 ° 30' und 130 ° 0' arbeitet.

Nicht zuletzt soll erwähnt werden, dass die Mikrohärteprüfung auch zur qualitativen Erfassung von Lösungs-, Diffusions-, Aushärtungs-, Seigerungs- und Verformungsvorgängen eingesetzt wird. Damit ist es möglich, Lösungsglühungen, Härte- und Wärmeeinflusszonen, Konzentrationsveränderungen, Phasenumwandlungen, Phasenbestimmungen, Alterungen und Versprödungen und auch Eigenspannungen sowie Verfestigungen in kleinen Gefügebereichen zu ermitteln und weiterhin Oberflächen im Zusammenhang mit Haftung, Reibung und Verschleiß zu charakterisieren. So kann beispielsweise die Entkohlungstiefe mittels Vickers-Kleinkrafthärteprüfung nach DIN 50192-2 [37] neben spektrometrischer oder nasschemischer Analyse ermittelt werden. Als Beispiel wird verwiesen auf die Ermittlung der Randhärtetiefe Rht an einem induktiv gehärteten Bolzen.

Prüfverfahren: HV 1 nach EN ISO 6507, Rht nach DIN 50190-2 [38]

Prüfeinrichtung: Kleinlasthärteprüfer „Zwick"

Bolzenwerkstoff: C 45, Ø 13 mm

Randschicht: martensitisch

Kernzone: normalgeglüht

Vorgabe für Rht: Rht 500 HV1 = 0,6 + 0,6 mm

Wertetabelle HV1 = f (Randabstand), Ermittelte Randhärtetiefe: Rht (500 HV1) = 0,93 mm

Randabstand (mm)	Mittlere Diagonalenlänge d (µm)	Kleinlasthärte HV 1
0,3	3	660
0,6	53,5	648
0,9	59	533
1,2	84	263
1,5	84,5	260
1,8	84,5	260

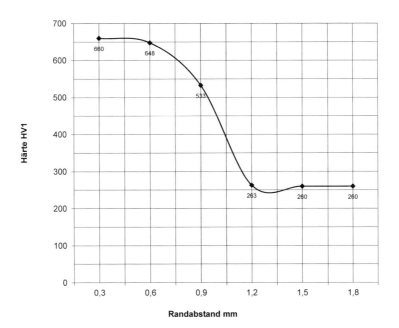

Bild 1.46   Darstellung der Rht-Kurve nach DIN 50190-2 [38]

67

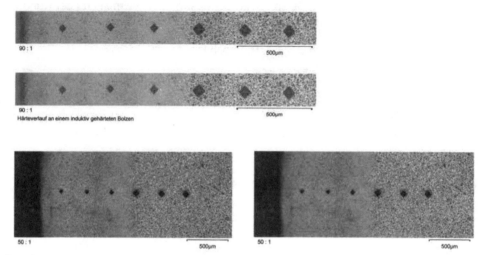

Bild 1.47   Messreihe für die Kleinkrafthärte [37]

1.5.5   Schichtdickenmessung

Die Dicke einer Oberflächenschicht bestimmt deren Eigenschaften nicht unwesentlich. Härte, chemische Zusammensetzung oder Rauhigkeit bestimmen häufig über die Lebensdauer oder die spezifischen Eigenschaften von Bauteilen und Ausrüstungen. Dabei müssen Einfach- und Mehrfachbeschichtungen in ihrer Dicke exakt eingestellt und nachgemessen werden, insbesondere bei Routinekontrollen und wenn Schadensfälle aufgetreten sind.

In der Metallographie ermittelt man die Schichtdicken mit Hilfe digitaler Kameras und ihrer Software. Soft Imaging Systeme sind eine solche Software, die es ermöglicht, Schichtdicken im Anschliff manuell oder auch automatisch zu messen, wobei die Kontur beliebig geformter Oberflächen interaktiv vorgegeben oder automatisch ermittelt werden kann. Als Messergebnisse stehen die Schichtdickenwerte jeder untersuchten Schicht sowie deren Mittelwerte, Minimalwerte, Maximalwerte und die Standardabweichung zur Verfügung (Bild 1.48).

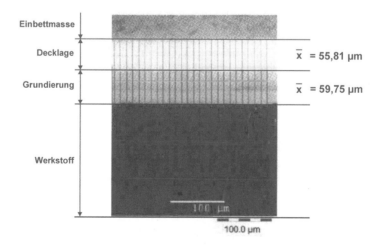

Bild 1.48   Soft Imaging System mit der Schichtdickenmessung an einer Lackierung [39]

Eine weitere bedeutsame Aufgabe der Metallographie besteht in der Schadensfallanalyse. Nachfolgend sollen drei Schadensfälle untersucht werden [18], [19].

Aufgabenstellung Fall 1

Klärung der Ursachen für die Rissbildung an einem Auslassventilsitzring aus X 35 CrMo 17.

Herangehensweise:

1. Spektrometrische Werkstoffüberprüfung,

2. Härteprüfung zur Untersuchung der Mindesthärte,

3. Metallographische Untersuchung zur Klärung der Rissursachen.

Bericht über verschiedene Untersuchungsmethoden:

Die Untersuchungsergebnisse sind in den Prüfberichten über

♦ Spektrometrische Untersuchungen Nr. 973 / 99 (Seite 1),
♦ Härteprüfung Nr. 973 / 99 (Seite 2),
♦ Metallographische Untersuchungen Nr. 973 / 99 (Seite 3-5)

zusammengestellt. Die Ergebnisse sind im Einzelnen zu erläutern.

Ergebnisse und Schlussfolgerungen:

In der Zusammenfassung kann als Ursache für die Rissbildung ein Zusammenhang mit der Gefügeausbildung und bedingt mit der geforderten Mindesthärte festgestellt werden.

Die Gefügeausbildung des vergüteten Auslassventilsitzringes ließ eine ausgeprägte Inhomogenität erkennen, die durch Elementeseigerungen verursacht worden ist. In den untersuchten Bereichen (siehe Bilder) bildeten sich von Karbiden gesäumte Ferritzeilen, die aufgrund ihrer Festigkeit bei einer Wärmebelastung und der dadurch verursachten Ausdehnung der Ringoberfläche den Ausgangspunkt für die Rissbildung darstellten.

Die chemische Zusammensetzung entspricht dem vorgegebenen Werkstoff nach DIN 17442 [44]. Die gemessene Härte weicht hingegen leicht von der geforderten Mindesthärte ab, wodurch zumindest keine einwandfreie Voraussetzung für das Vermeiden von Rissbildung vorhanden war.

Aufgabenstellung Fall 2

Werkstoffuntersuchung zur Klärung der Ursache für Zahnausbrüche am Steuerrad aus dem Motor 9 VD 29/24.

Herangehensweise:

1. Sichtprüfung der Zahnausbrüche,

2. Spektrometrische Werkstoffüberprüfung,

3. Härteprüfung an den Zahnflanken,

4. Metallographische Untersuchung zur Klärung der Rissursachen.

Bericht über verschiedene Untersuchungsmethoden:

Die Untersuchungsergebnisse sind in den Prüfberichten über

♦ Spektrometrische Untersuchungen Nr. 874 / 99 (Seite 1),

♦ Härteprüfung Nr. 874 / 99 (Seite 2),

♦ Metallographische Untersuchungen Nr. 874 / 99 (Seite 3-5)

zusammengestellt. Die Ergebnisse sind im Einzelnen zu erläutern.

Ergebnisse und Schlussfolgerungen:

Bei der Sichtprüfung lassen sich bereits die typischen Merkmale eines Dauerbruches erkennen. Ausgangspunkt für die Entstehung des Dauerbruches bildete der Bereich des Zahngrundes, indem keine ordnungsgemäße Einsatzhärtung vorliegt.

Anhand des Ätzbildes, der Gefügeausbildung und der Härteprüfung konnte nachgewiesen werden, dass örtlich eine nur unzureichende Aufkohlung der Oberflächenzone erfolgte. Dadurch liegt die Oberflächenhärte in der nichtaufgekohlten Zone im Bereich der Kernhärte. Im auf Biegung besonders hoch beanspruchten Zahnfuß wurde die Dauerfestigkeit überschritten und es bildete sich ein Anriss, dessen Fortschreiten letztlich zum Dauerbruch führte.

Ein Überhitzungsgefüge mit hohem Restaustenitanteil im aufgekohlten und damit einsatzgehärteten Zahnflankenbereich begünstigte die Rissbildung. Eine örtliche Erwärmung beim Schleifen kann die Umwandlung des Restaustenits in Martensit bewirken. Sie kann verursacht werden durch zu hohen Anpressdruck oder durch stumpfe Schleifscheiben. Die damit verbundenen Umwandlungsspannungen können zur Rissbildung führen.

Weiter wurde festgestellt, dass der Werkstoff 20 MnCr 5 ist und nicht dem vorgegebenen 16 MnCr 5 entspricht. Der erhöhte Mangangehalt setzt die kritische Abkühlungsgeschwindigkeit sehr stark herab und erhöht damit die Härtbarkeit des Stahles.

Aufgabenstellung Fall 3

Werkstoffuntersuchung zur Klärung der Ursache für einen Korrosionsschaden an einer Trennwand aus AlMg 3, die als Kammertrennung in einer Kläranlage dient. Laut Aussagen des Auftraggebers hat die Trennwand im Klärbecken Berührung mit einem Rohr aus einer Cr-Ni-Legierung und als Verbindungselemente wurden ebenfalls Schrauben aus einem Cr-Ni-Stahl eingesetzt.

Herangehensweise:

1. Spektrometrische Werkstoffüberprüfung,

2. Mechanische Prüfung (Zugversuch),

3. Härteprüfung,

4. Metallographische Untersuchung zur Klärung der Rissursachen.

Bericht über verschiedene Untersuchungsmethoden:

Die Untersuchungsergebnisse sind in den Prüfberichten über

♦ Spektrometrische Untersuchungen Nr. 772 / 99 (Seite 1),

♦ Zugversuch und Härteprüfung Nr. 772 / 99 (Seite 2),

♦ Metallographische Untersuchungen Nr. 772 / 99 (Seite 3-4)

zusammengestellt. Die Ergebnisse sind im Einzelnen zu erläutern.

Ergebnisse und Schlussfolgerungen:

Die chemische Zusammensetzung, Festigkeitswerte und Gefügeausbildung zeigen keine Abweichungen, durch die sich der aufgetretene Korrosionsschaden begründen lässt. Dieser wurde durch eine Kontaktkorrosion verursacht.

Der in der elektrolytischen Spannungsreihe weit im Negativbereich liegende und damit unedlere AlMg 3-Werkstoff wurde im Zusammenwirken mit einer den elektrischen Strom leitenden Flüssigkeit (Klärflüssigkeit) und dem in der elektrolytischen Spannungsreihe im positiven Bereich liegenden und damit weitaus edleren CrNi-Stahl aufgelöst. Zur Vermeidung derartiger Korrosionsschäden wird empfohlen, die hochlegierten Bauteile zu Beschichten oder durch einen anderen Werkstoff (z. B. Kunststoff) zu ersetzen.

Weiterhin wird darauf verwiesen, dass die durch das Fertigen der Bohrlöcher eingebrachte Kaltverformung vermieden werden sollte. Die gute Korrosionsbeständigkeit des Werkstoffes beruht auf der Fähigkeit, eine kompakte Oxidschicht zu bilden. Derartige mechanisch einge- brachte Kaltverfestigungen zerstören bzw. verhindern den Aufbau einer gleichmäßigen Schicht und erleichtern damit den Korrosionsangriff.

2. Dokumentation der Prüfergebnisse

In der Metallographie erfolgt bei der Mehrzahl der Untersuchungen keine Messung bestimmter Größen, sondern eine Gefügebeschreibung, die folgende Fragen beantworten muss:

➢ Welche Gefügebestandteile liegen vor?

➢ Welchen Anteil haben die einzelnen Gefügebestandteile am gesamten Gefüge?

➢ Welche Größe und Form haben die einzelnen Gefügebestandteile?

➢ Wie ist ihre Anordnung zueinander?

➢ Wie gleichmäßig ist ihre Verteilung über den Querschnitt der untersuchten Probe?

Das Anfertigen von Gefügebildern ist daher zur Beantwortung dieser Fragen ein wichtiger Teil der Dokumentation metallographischer Untersuchungen.

2.1 Bildverarbeitungssysteme zur Gefügeanalyse

Die Computer- und Videotechnik haben durch ihre Weiterentwicklung den Bereich der elektronischen Bildverarbeitung entscheidend beeinflusst. Dadurch ist eine rasche Berichterstellung mit entsprechenden Software- und Textverarbeitungsprogrammen möglich geworden. Bilder und Bildbeschreibungen sind ein wesentlicher Teil in der Werkstoffprüfung. In der Metallographie müssen makroskopische und mikroskopische Bilder in einem Untersuchungsbericht zusammengeführt werden.

2.1.1 Mikrofotographie mit Filmen

Neben der Anwendung von Plan- und Rollfilmen zur Erstellung großformatiger Negative und der elektronischen Bildverarbeitung werden vielfach auch heute noch Kleinbildfilme eingesetzt. Weiterhin bietet sich die Möglichkeit der Sofortbildfotografie mit dem Vorteil, dass sofort Bildpositive vorliegen. Zur Herstellung von Farbbildern bieten sich Diafilme an, bei denen das entstehende Diapositiv relativ farbecht ist und als Hinweis dafür dienen kann, wie der Papierabzug aussehen muss.

2.1.2 Thermodrucke mit Videoprintern

Neben der fotographischen Darstellung von Gefügen auf Filmmaterialien besteht die Möglichkeit der Herstellung von Thermodrucken von Videobildern. Viele Mikroskope sind mit Videokameras und Monitoren ausgerüstet, die mehreren Personen gleichzeitig das mikroskopische Bild zu sehen erlauben. Die Videobilder können in Farbe oder Schwarz/Weiß ausgedruckt werden. Thermodrucke weisen jedoch wegen der geringeren Auflösung und der gröberen Abstufung der Grauwerte leider nicht die gleiche Qualität einer Fotografie auf.

Nachteilig könnte sich beim Erfordernis einer Dokumentationspflicht über einen längeren Zeitraum die für Thermodrucke geringere Langzeithaltbarkeit auswirken. Ein weiterer Nachteil von Thermodruckbildern ist die in der Regel abweichende Vergrößerung der Wiedergabe von den üblichen Standardvergrößerungen durch die Größe der Kamerachips, wodurch nur ein Teil des Blickfeldes aufgenommen wird und eine mehr oder weniger starke Nachvergrößerung der Bilder notwendig wird. Das kann umgangen werden, wenn die Bilder auf einem Bildspeichermedium, z. B. einem Videorekorder, abgelegt werden oder aber, wenn die Bilder digi-

© Springer-Verlag GmbH Deutschland, ein Teil von Springer Nature 2018
K. Schiebold, Zerstörende Werkstoffprüfung, https://doi.org/10.1007/978-3-662-57802-2_2

talisiert und über einen Rechner weiterverarbeitet werden. Damit werden dann auch verschiedene Stufen der Weiterverarbeitung mit dem Rechner umsetzbar, wie z. B. elektronische Filterung, Einbringen von Falschfarben und Beschriftungen, sowie das Vermessen einzelner Objekte.

2.1.3   Digitale Bilddatenerfassung

Der Trend in der Bilddatenerfassung geht in Richtung Digitalisierung. Digitale Kameras können mit einem Computer direkt verbunden werden. Die so erzeugten grauen oder farbigen Bilder können dann in Echtzeit optimiert werden. Digitale Kameras werden in zunehmendem Maße für die Bildanalyse und die Bildarchivierung eingesetzt. Die Bildauflösung ist wesentlich von dem Originalbild, der Pixelauflösung der Kamera und dem verwendeten Mikroskop abhängig. Dazu müssen das Bild oder die Bildquelle zuerst kalibriert werden, um Messungen durchführen zu können. Beim Lichtmikroskop werden die einzelnen Objektive mit ihren Vergrößerungsstufen mit einem Objektmikrometer kalibriert [2].

In Bild 2.1 ist ein digitales Bildverarbeitungssystem abgebildet, das die Möglichkeit der Linienvermessung, der parallelen und der freien Linienmessung-, der Radien oder der Durchmesser- und Winkelbestimmung erlaubt.

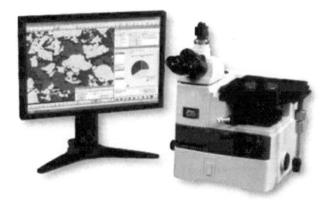

Bild 2.1   Digitales Bildverarbeitungssystem OmniMet von Buehler [2]

Die im Abschnitt 1.5 beschriebenen Methoden der quantitativen Metallographie können mit einem solchen Gerät umgesetzt werden.

Die Werkstoffprüfung dient der Bestimmung von Werkstoffeigenschaften. Das ist Voraussetzung für die Berechnung von Bauteilen in der Konstruktion, für die Verarbeitung des Materials zum Bauteil, für die Qualitätssicherung und für die Beurteilung von Schadensfällen. Geht man zunächst von den Begriffen aus, die mit der Bestimmung von Werkstoffeigenschaften in Verbindung stehen, so bekommt man eine gute Einführung in das Fachgebiet:

Werkstoff: Material, das technisch verwertbare Eigenschaften in mindestens einem Aggregatzustand besitzt, technologisch und wirtschaftlich herstellbar und während sowie nach Gebrauch umweltverträglich ist,

Prüfen: Feststellen, ob eine Eigenschaft an einem Gegenstand vorhanden ist bzw. welche Größe eine vorhandene Eigenschaft hat.

Werkstoffeigenschaft Festigkeit: Widerstand gegen Stofftrennung oder unzulässige
                                     plastische Verformung.

Werkstoffkenngröße Zugfestigkeit: R_m nach EN 10002 [45]. Diese Norm legt folgende
                                     äußeren Bedingungen fest:

Einachsige Zugbelastung

Belastungsgeschwindigkeit: 30 N/mm^2 s,

Prüftemperatur: 20°C,

Umgebungsmedium: Luft,

Werkstoffkennwert: z. B. 390 MPa (gilt etwa für den Werkstoff St 37 - 2).

Die Werkstoffprüfung steht vor dem Problem, dass ihre Eigenschaften nicht nur von der Struktur und dem Gefüge der Werkstoffe, sondern auch von „äußeren Faktoren" wie Temperatur, Umgebungsmedium, Beanspruchungsgeschwindigkeit usw. abhängig sind. Es ist deshalb nötig, genau festzulegen unter welchen äußeren Bedingungen eine Werkstoffeigenschaft ermittelt wird. Dazu ist ein detailliertes System von Normen und Vorschriften abgestimmt, das die Prüfung in allen einflussbestimmenden Faktoren festlegt. Eine solcherart festgelegte Messgröße für die Werkstoffeigenschaft wird als Werkstoffkenngröße bezeichnet, der für einen bestimmten Werkstoffzustand ermittelte Zahlenwert mit Maßeinheit als Werkstoffkennwert. Die Verbindung zwischen Werkstoffkenngröße bzw. Werkstoffkennwert und der real auftretenden Werkstoffbeanspruchung muss theoretisch (z. B. über Festigkeitshypothesen) abgesichert werden.

Die gebräuchlichsten Normen sind im DIN - Taschenbuch 19 [11] zusammengefasst. In den darin enthaltenen Normen werden die Verfahrenstechnik und die einzuhaltenden Bedingungen festgelegt. Auf jeden Fall ist jedoch festzustellen, ob zum jeweiligen Bereich Euronormen existieren, weil sie die nationalen Normen automatisch außer Kraft setzen. Es werden keine Anforderungen an die Werkstoffe oder Zulässigkeitsgrenzen für bestimmte Bauteile festgelegt, das ist den Liefernormen oder anderen Vorschriften und Vereinbarungen vorbehalten [13], [16].

2.2   Prüfprotokolle

Alle Einflussgrößen, wie z. B. die auftragsbezogenen Daten, die Prüftechnik und die Prüfergebnisse müssen im Prüfbericht angegeben werden. In den Prüfnormen sind die wesentlichen Angaben, die ein Protokoll enthalten muss, vorgeschrieben. Bild 2.2 zeigt ein Beispiel für einen Werkstoffprüfbericht über mechanische Prüfungen [40], in dem alle für den Auftrag und die Prüfung wichtigen Daten eingetragen sind.

Die Prüfberichte müssen auch unbedingt von der Prüfaufsicht kontrolliert und unterzeichnet werden.

Zu bemerken ist noch, dass bei der zerstörenden Werkstoffprüfung nicht wie bei der zerstörungsfreien Prüfung Prüfanweisungen oder Verfahrensbeschreibungen ausgearbeitet und den Prüfberichten zugrunde gelegt werden. Prüftechnologien gehören jedoch zur Aus- und Weiterbildung.

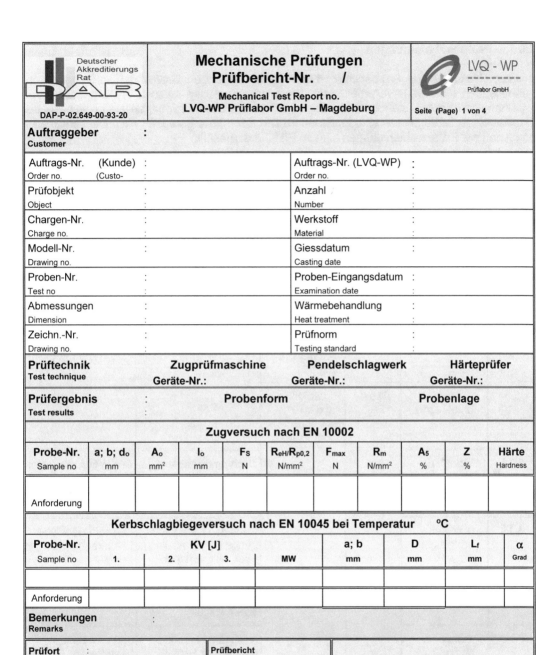

Deutscher Akkreditierungs Rat	**Mechanische Prüfungen** **Prüfbericht-Nr.** / Mechanical Test Report no. LVQ-WP Prüflabor GmbH – Magdeburg	LVQ - WP Prüflabor GmbH
DAP-P-02.649-00-93-20		Seite (Page) 1 von 4

Auftraggeber :
Customer

Auftrags-Nr. (Kunde) : Order no. (Custo- :	**Auftrags-Nr. (LVQ-WP)** : Order no. :
Prüfobjekt : Object :	**Anzahl** : Number :
Chargen-Nr. : Charge no. :	**Werkstoff** : Material :
Modell-Nr. : Drawing no.	**Giessdatum** : Casting date
Proben-Nr. : Test no :	**Proben-Eingangsdatum** : Examination date :
Abmessungen : Dimension :	**Wärmebehandlung** : Heat treatment :
Zeichn.-Nr. : Drawing no. :	**Prüfnorm** : Testing standard :

Prüftechnik Test technique	**Zugprüfmaschine** Geräte-Nr.:	**Pendelschlagwerk** Geräte-Nr.:	**Härteprüfer** Geräte-Nr.:

Prüfergebnis : Test results :	**Probenform**	**Probenlage**

Zugversuch nach EN 10002

Probe-Nr. Sample no	a; b; d₀ mm	A₀ mm²	l₀ mm	F_S N	R_eH/R_p0,2 N/mm²	F_max N	R_m N/mm²	A₅ %	Z %	Härte Hardness
Anforderung										

Kerbschlagbiegeversuch nach EN 10045 bei Temperatur °C

Probe-Nr. Sample no	KV [J] 1.	2.	3.	MW	a; b mm	D mm	L_f mm	α Grad
Anforderung								

Bemerkungen :
Remarks

Prüfort : Place **Prüfdatum** : Date	**Prüfbericht akzeptiert** Test report accepted	**Prüfaufsicht** Supervisor **Prüfer** Test personal

Bild 2.2   Musterprüfbericht für mechanische Prüfungen der Fa. LVQ-WP Prüflabor [40]

2.3 Prüfbescheinigungen

Auf der Grundlage der Prüfberichte werden Bescheinigungen über Materialprüfungen vom herstellenden oder weiterverarbeitenden Werk erstellt. Häufig müssen die Ergebnisse von unabhängigen Sachverständigen bestätigt werden. Die Bescheinigungen zum Nachweis der Qualität eines Erzeugnisses sind im Standard DIN EN 10204 geregelt [41]. Die verschiedenen Arten der Prüfbescheinigungen sind im Bild 2.3 dargestellt.

Norm-Be-zeich-nung	Prüf-bescheinigung	Art der Prüfung	Inhalt der Bescheinigung	Lieferbedingungen	Bestätigung durch
2.1	Werks-bescheinigung	Nicht-spezi-fisch	Keine Angabe von Prüf-ergebnissen	Nach den Lieferbedingungen der Bestellung oder, falls verlangt, auch nach	den Hersteller
2.2	Werkszeugnis		Prüfergebnisse auf der Grundlage nichtspezifischer Prüfung	amtlichen Vorschriften und den zugehörigen technischen Regeln	
2.3	Werks-prüfzeugnis	Spezi-fisch	Prüfergebnisse auf der Grundlage spezifischer Prüfung		
3.1A	Abnahme-prüfzeugnis 3.1A			Nach amtlichen Vorschriften und den zugehörigen technischen Regeln	den in den amtlichen Vorschriften genannten Sachverständigen
3.1B	Abnahme-prüfzeugnis 3.1B			Nach den Lieferbedingungen der Bestellung oder, falls verlangt, auch nach amtlichen Vorschriften und den zugehörigen technischen Regeln	den vom Hersteller beauftragten, von der Fertigungsabteilung unabhängigen Sachverständigen (Werkssachverständiger)
3.1C	Abnahme-prüfzeugnis 3.1C			Nach den Lieferbedingungen der Bestellung	den vom Besteller beauftragten Sachverständigen
3.2	Abnahmeprüf-protokoll 3.2				den vom Hersteller beauftragten, von der Fertigungsabteilung unabhängigen Sachverständigen und den vom Besteller beauftragten Sachverständigen

Bild 2.3   Materialprüfbescheinigungen, Beziehungen und Anwendung

2.3.1 Inhalt der Prüfbescheinigungen

Für die Hersteller sind die Prüfbescheinigungen ein wichtiger Bestandteil der Lieferungen an den Kunden. Der Hersteller ist verpflichtet die Prüfbescheinigungen nach Lieferung der Erzeugnisse dem Kunden zur Verfügung zu stellen. Die Vorgaben hinsichtlich der zu liefernden Erzeugnisse, der Prüfaufgaben und des Inhaltes der Prüfbescheinigungen kommen vom Kunden.

Mit der Prüfbescheinigung wird der Kunde vom Hersteller davon in Kenntnis gesetzt, dass die Erzeugnisse der Liefervereinbarung entsprechen.

Eine besondere Rolle innerhalb solcher Lieferbeziehungen hat der Handel. Er stellt z. B. Walzerzeugnisse für die Kunden bereit. Die Anforderungen an diese Walzprodukte sind oft sehr unterschiedlich und bringen daher Unsicherheiten oder Unklarheiten in die Lieferbedingungen und damit später auch in die Prüfbescheinigungen. Sonderforderungen diesbezüglich können sein:

➢ Änderungen in der Gütegruppe (Zähigkeit),

➢ Änderungen in der Stahlsorte (Warmfestigkeit),

➢ Bestimmte mechanische Eigenschaften,

➢ Kerbschlagarbeit,

➢ Verzinkbarkeit, Emaillierfähigkeit,

➢ Abkantbarkeit,

➢ Verbesserte Eigenschaften in Dickenrichtung (Prüfung mit Ultraschall),

➢ Chemische Zusammensetzung,

➢ Ebenheit,

➢ Oberflächenqualität,

➢ Einsatzhärtbarkeit,

➢ Nitrierfähigkeit, EU-Material,

➢ Schweißbarkeit,

➢ Toleranzen.

Werden solche Sonderforderungen gestellt, so sind entsprechende Liefervereinbarungen zu treffen, die die Forderungen erfüllen und Prüfbescheinigungen auszustellen, die dies belegen.

Prüfbescheinigungen mit spezifischen Prüfungen (z. B. 3.1.B) besitzen demgemäß einen hohen technischen Stellenwert, da die Prüfungen an den Erzeugnissen selbst durchgeführt wurden. Die spezifischen Prüfungen werden beim Hersteller über den Ablauf und die Organisation des Herstellungsprozesses sichergestellt, so dass für die gelieferten Erzeugnisse eine bedeutende Sicherheit in der Qualität erreicht wird. Bild 2.4 zeigt eine Musterprüfbescheinigung nach EN 10204 [41]

Abnahmeprüfzeugnis 3.1B nach DIN EN 10204

Inspection certificate
Certificat de réception

Besteller:	Krupp MaK Maschinenbau GmbH
Purchaser-Commettant	

Hersteller/Lieferer:	Magdeburger Eisengießerei GmbH	Bestell-Nr.:	95-00020
Manufacturer-Producteur		*Order No.-Commande N°*	

Gegenstand:	Zylinderkurbelgehäuse	Werks-Nr.:	694/95
Product-Produit		*Work's ref.No-No du producteur*	

Werkstoff:	GGG-50
Material-Nuance	

Lieferzustand:	spannungsarmgeglüht	entsprechend:	DIN 1693
Condition of delivery-État de livraison		*according to-analogue*	

Kennzeichnung:	67/95	Zeichen des Herstellers:
Marking-Marquage		*Mark of the manufacturer-Sigle du producteur*

Lieferumfang:
Quantity of delivery-Quantité de livraison

Pos. *Item* *Poste*	Anzahl *Quantity* *Numbre*	Bezeichnung *Description- Designation*	Schmelzen-Nr. *Heat-No.* *Coulée N°.*	Proben-Nr. *Test piece No.* *Éprouvette N°.*
1	1	Zylinderkurbelgehäuse Mod. Nr. Gießerei 39570472 Zeichnungs-Nr. 1.13.3-11.11.00-03	Gießdatum 30. 11. 95 Ch. 67/95	Bl. 67/1-3 angegossene Proben

Prüfergebnisse:	Prüfdatum:	20. 12. 95	Gesamtgewicht:	3650 kg
Test results-Résultats d'épreuve	*Date of testing-Date d'épreuve*		*Total weight-Masse total*	

Proben-Nr. *Test piece No.* *Éprouvette N°.*	Lage *Direction* *Position*	R_{eH} N/mm²	R_m N/mm²	A_5 %	Z %	Lage *Direction* *Position*	DVM J Temp.: °C	HB 5/750
Anforderungen *Required values-* *Conditions*	l,q,t,r	min. 300	min. 450	min. 7	min.	l,q,,t,r	min.	
Bl. 67/1 2 3		341 344 344	597 604 597	12,9 15,1 11,9				192

Chemische Zusammensetzung: %
Chemical composition-Composition chimique

Probe	C	Si	Mn	P	S	Cr	Ni	Cu	Mg	Sn
Pf.7	3,96	2,35	0,28	0,032	0,009	0,03	0,02	0,274	0,050	

Die gestellten Anforderungen sind erfüllt.
The results comply with the requirements.
Résultats d'épreuve être d'accord conditions.

Ort und Datum:	Magdeburg, 20.12.98	.... Der Sachverständige
Place and date-Lieu et date		*Inspector-L'expert*

Bild 2.4   Musterprüfbescheinigung nach EN 10204 [40], [41]

2.3.2   Kriterien von Prüfbescheinigungen

Auch wenn normale Anforderungen an die Lieferbedingungen gestellt werden, sind Prüfbescheinigungen auszustellen, die dies belegen. Die Lieferbedingungen weisen dabei folgende Kriterien hinsichtlich der folgenden Prüfbescheinigungen auf:

- Art der Prüfbescheinignung (nichtspezifisch oder spezifisch)
- Werkstoff mit Angabe der Norm und / oder Kundenspezifikation (z. B. Stahlsorte, Prüfeinheit, Prüfverfahren)
- Durchführung und Bestätigung der Prüfungen
- Angabe von Ü-Zeichen oder NF-Zeichen
- Angaben zur Dokumentation (Empfänger, Anzahl, Sprache, Maßeinheit, Übermittlungsart).

Weiterhin werden Prüfbescheinigungen oft nicht nur auf ein Produkt ausgestellt, sondern auf sogenannte Prüfeinheiten. Darunter versteht man die Anzahl und die Orte der Proben in Abhängigkeit von den Lieferbedingungen (Bild 2.5).

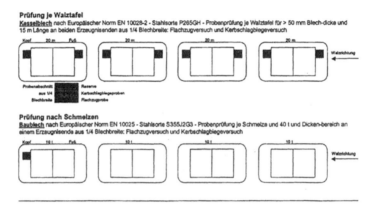

Bild 2.5   Erläuterungen zur Prüfeinheit

Nachstehend sind Beispiele für Prüfbescheinigungen mit verschiedenen Kriterien aufgeführt.

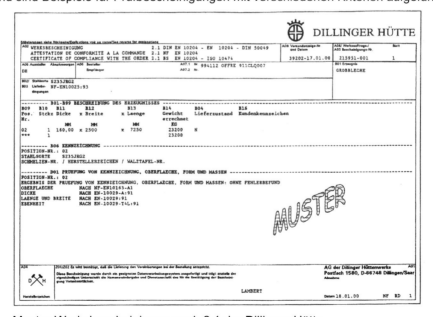

Bild 2.6   Muster-Werksbescheinigung nach 2.1 der Dillinger Hütte

DILLINGER HÜTTE

Erläuterungen siehe Rückseite/Explications voir au verso/See reverse for explanations

A02 WERKSZEUGNIS 2.2 DIN EN 10204 - EN 10204 - DIN 50049
RELEVE DE CONTROLE 2.2 NF EN 10204
TEST REPORT 2.2 BS EN 10204 - ISO 10474

A09 Versandanzeige-Nr. und Datum: 30280-07.02.00
A04/ Werksauftrags-/ A03 Bescheinigungs-Nr.: 217518-001 Blatt 1/...

A06 Aussteller Abnahmeorgan: DH
A06 Besteller Empfänger
A07.1 Nr. 45950-552200-4D0
A07.2 Nr.
B01 Erzeugnis: GROBBLECHE

B02/ Stahlsorte S235JRG2
B03 Lieferbedingungen NF-EN10025:93

--------- B01-B99 BESCHREIBUNG DES ERZEUGNISSES ---------

B09 Pos. Nr.	B10 Stckz	B11 Dicke MM	x	B12 Breite MM	x	B13 Laenge MM	B14 Gewicht errechnet KG	B04 Lieferzustand	B08 Schmelze Nr.	B16 Kundenkennzeichen
04	7	10,00	x	3000	x	6000	9891	U	92010	
06	9	6,00	x	3000	x	5000	6363	N	92008	
07	15	12,00	x	3000	x	6000	25440	U	92010	
***	31						41694	Verwogenes Gewicht: 42550 KG		

--------- B06 KENNZEICHNUNG ---------
POSITION-NR.: 04,06-07
STAHLSORTE S235JRG2
SCHMELZEN-NR. / HERSTELLERZEICHEN / WALZTAFEL-NR.

--------- C10-C29 ZUGVERSUCH ---------

B09 Pos. Nr.	B08 Schmelze Nr.	B05 Probenbehandlung	C01	C02/ C01	C03 Temp.	C11 RE N/MM2 REH	C12 RM	C13 AI LO-5D	C14	C15
04	92010		K	Q		290	396	30,2		
06	92008		K	Q		298	396	32,4		
07	92010		K	Q		286	393	28,4		

--------- C70-C99 CHEMISCHE ZUSAMMENSETZUNG % - SCHMELZENANALYSE ---------

B08 Schmelze Nr.	C70	C	SI	MN	P	S	N	AL	FO-80
92008	Y	0,072	0,162	0,86	0,013	0,0029	0,007	0,035	0,048
92010	Y	0,074	0,161	0,92	0,015	0,0050	0,006	0,043	0,045

A04 D H Herstellerzeichen
Z01/Z02 Es wird bestätigt, daß die Lieferung den Vereinbarungen bei der Bestellung entspricht.
Diese Bescheinigung wurde durch ein geeignetes Datenverarbeitungssystem ausgefertigt und trägt anstelle der eigenhändigen Unterschrift die Namenswiedergabe und Dienstanschrift des für die Bestätigung der Bescheinigung Verantwortlichen.
LAMBERT
AG der Dillinger Hüttenwerke A01
Postfach 1580, D-66748 Dillingen/Saar
Abnahme
Datum 08.02.00 NF RD 1

Bild 2.7 Muster-Werkszeugnis nach 2.2 der Dillinger Hütte

DILLINGER HÜTTE

Erläuterungen siehe Rückseite/Explications voir au verso/See reverse for explanations

A02 ABNAHMEPRUEFZEUGNIS 3.1.B DIN EN 10204 - EN 10204 - DIN 50049
CERTIFICAT DE RECEPTION 3.1.B NF EN 10204
INSPECTION CERTIFICATE 3.1.B BS EN 10204 - ISO 10474 MATERIAL TEST REPORT

A09 Avis d'expédition No./ Date d'expédition: 35997-15.05.00
A04/ Référence usine/ A03 No. Certificat: 221906-001 Page 1/...

A05 Aut.de doc. Org. réception: DH
A06 Client Destinataire
A07.1 No. 004000088 / MAGASIN
A07.2 No.
B01 Produit: PLAQUES FORTES NOIRES

B02/ Nuance S235JRG2
B03 Spécifications NF-EN10025:93

--------- B01-B99 DESCRIPTION DU PRODUIT ---------

B09 Poste No.	B10 Nbre	B11 Epaisseur MM	x	B12 Largeur MM	x	B13 Longueur MM	B14 Masse theor. KG	B04 Etat de livraison	B08 No. de coulee	B07 No.tole mere No. d'essai	B16 Repere client
09	1	80,00	x	2051	x	6000	7728	N	95131	03243	MAGASIN
09	1	80,00	x	2051	x	6000	7728	N	95131	03245	MAGASIN
09	1	80,00	x	2051	x	6000	7728	N	95131	03247	MAGASIN
**	3						23184				
***	3						23184	Poids reel: 23776 KG			

--------- B06 MARQUAGE ---------
POSTE NO.: 09
NUANCE S235JRG2
NO. DE COULEE / SIGLE DU PRODUCTEUR / NO. TOLE MERE/NO. D'ESSAI / POINCON DE L'AGENT RECEPTIONAIRE

--------- C10-C29 ESSAI DE TRACTION ---------

B09 Poste No.	B08 No. de coulee	B07 No.tole mere/ No. d'essai	B05 Etat de reference	C01	C02/ C01	C03 Temp.	C11 RE N/MM2 REH	C12 RM	C13 AI LO-5D	C14	C15
09	95131	03243		K	Q		269	401	34,3		
09	95131	03245		K	Q		256	404	37,1		
09	95131	03247		K	Q		258	404	35,2		

--------- C70-C99 COMPOSITION CHIMIQUE % - ANALYSE SUR COULEE ---------

B08 No. de coulee	C70	C	SI	MN	P	S	N	AL	FO-80
95131	Y	0,108	0,184	0,92	0,016	0,0013	0,004	0,055	0,036

A04 D H Sigle du producteur
Z01/Z02 Nous attestons que les produits livrés sont conformes aux stipulations de la commande.
QM-Système: Certification selon ISO 9001 depuis le 14 Mars 1990
B. MUELLER
Der Werkssachverständige
AHB Poinçon récept.
AG der Dillinger Hüttenwerke A01
Postfach 1580, D-66748 Dillingen/Saar
Service réception
Date 16.05.00 NF RD 1

Bild 2.8 Muster-Abnahmeprüfzeugnis nach 3.1.B der Dillinger Hütte

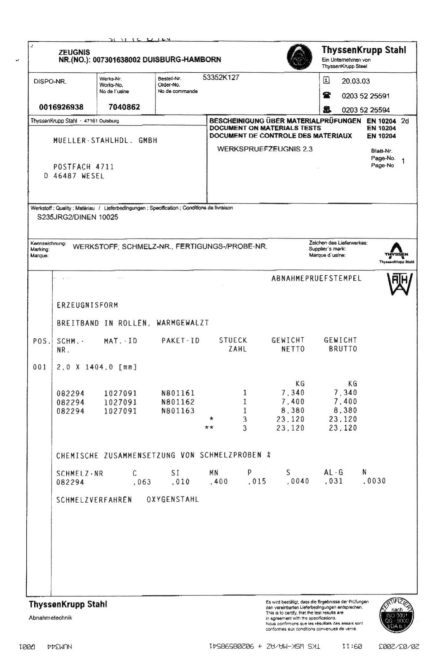

Bild 2.9   Muster-Werksprüfungszeugnis nach 2.3 (Vorderseite)

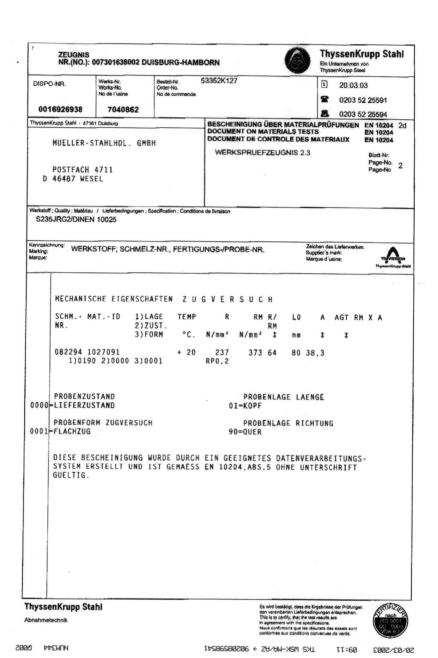

```
  ZEUGNIS
  NR.(NO.): 007301638002 DUISBURG-HAMBORN          ThyssenKrupp Stahl
                                                   Ein Unternehmen von
                                                   ThyssenKrupp Steel

DISPO-NR.      Werks-Nr.      Bestell-Nr.  53352K127
               Works-No.      Order-No.                    1   20.03.03
               No de l'usine  No de commande
                                                          ☎   0203 52 25591
  0016926938    7040862
                                                          🖷   0203 52 25594

ThyssenKrupp Stahl · 47161 Duisburg        BESCHEINIGUNG ÜBER MATERIALPRÜFUNGEN  EN 10204  2d
                                           DOCUMENT ON MATERIALS TESTS            EN 10204
   MUELLER-STAHLHDL. GMBH                  DOCUMENT DE CONTROLE DES MATERIAUX     EN 10204

                                              WERKSPRUEFZEUGNIS 2.3              Blatt-Nr.
   POSTFACH 4711                                                                Page-No.
   D 46487 WESEL                                                                Page-No  2

Werkstoff ; Quality ; Matériau  /  Lieferbedingungen ; Specification ; Conditions de livraison
  S235JRG2/DINEN 10025

Kennzeichnung:                                                        Zeichen des Lieferwerkes:
Marking:       WERKSTOFF; SCHMELZ-NR., FERTIGUNGS-/PROBE-NR.          Supplier's mark:
Marque:                                                               Marque d'usine:      ⋀
                                                                              ThyssenKrupp Stahl
```

```
   MECHANISCHE EIGENSCHAFTEN  Z U G V E R S U C H

   SCHM.- MAT.-ID  1)LAGE   TEMP    R     RM  R/   LO   A  AGT RM X A
   NR.             2)ZUST.                    RM
                   3)FORM   °C.  N/mm²  N/mm² %   mm   %   %

   082294 1027091           + 20   237   373 64   80 38.3
      1)0190 2)0000 3)0001        RP0.2


   PROBENZUSTAND                      PROBENLAGE LAENGE
0000=LIEFERZUSTAND                    01=KOPF

   PROBENFORM ZUGVERSUCH              PROBENLAGE RICHTUNG
0001=FLACHZUG                         90=QUER

   DIESE BESCHEINIGUNG WURDE DURCH EIN GEEIGNETES DATENVERARBEITUNGS-
   SYSTEM ERSTELLT UND IST GEMAESS EN 10204,ABS.5 OHNE UNTERSCHRIFT
   GUELTIG.
```

```
ThyssenKrupp Stahl           Es wird bestätigt, dass die Ergebnisse der Prüfungen
                             den vereinbarten Lieferbedingungen entsprechen.
Abnahmetechnik               This is to certify, that the test results are
                             in agreement with the specifications.
                             Nous confirmons que les résultats des essais sont
                             conformes aux conditions convenues de vente.
```

Bild 2.10   Muster-Werksprüfungszeugnis nach 2.3 (Rückseite)

Bild 2.11   Muster-Abnahmeprüfzeugnis nach 3.1.A (Vorderseite)

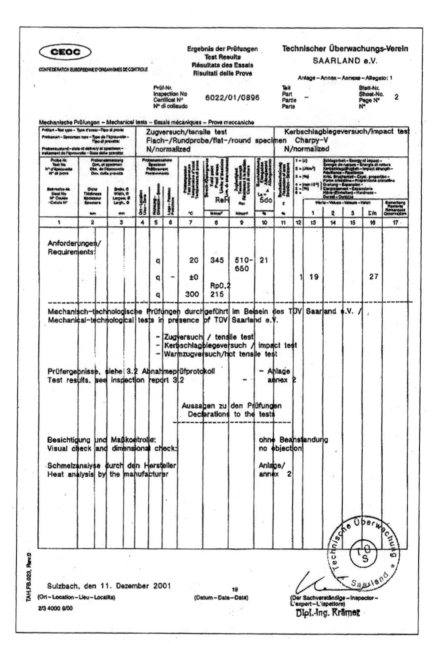

Bild 2.12   Muster-Abnahmeprüfzeugnis nach 3.1.A (Rückseite)

2.3.3 Auswirkungen der Verpflichtungen durch Prüfbescheinigungen auf den Produktionsablauf

Durch die Verpflichtung Prüfbescheinigungen auszustellen, entstehen vielfältige Auswirkungen auf den gesamten Produktionsablauf und dessen Organisation sowie auf das Qualitätssicherungssystem (Bild 2.13).

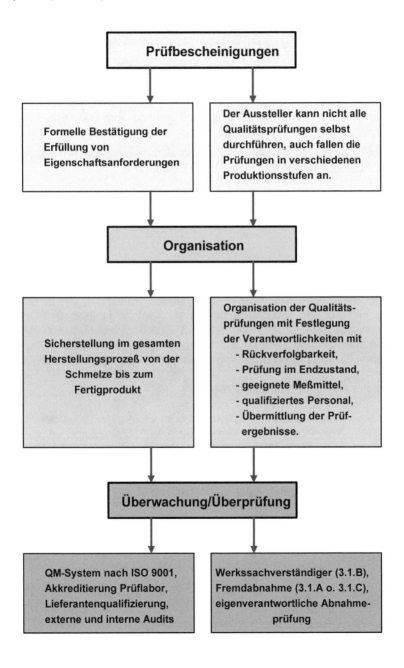

Bild 2.13   Auswirkungen von Prüfbescheinigungen auf Produktionsablauf und QM-System

2.3.4 Dokumentation der Prüfbescheinigungen

Prüfbescheinigungen müssen im Rahmen der Qualitätssicherung dokumentiert werden. Zum Umfang dieser Dokumentationen gehören:

➢ Nichtspezifische Prüfung: Auftrag und Prüfbescheinigung,

➢ Spezifische Prüfung: Auftrag, Prüfprotokolle, Tolerierungen, Prüfbescheinigungen.

Die Dokumentation kann sowohl in Papierform, als Mikrofilm oder zunehmend auch elektronisch (per E-Mail) ausgeführt werden.

Ziele einer elektronischen Dokumentation sind

➢ die elektronische Übermittlung der Prüfbescheinigungen vom Hersteller oder Händler an den Besteller,

➢ die automatische elektronische Übernahme und Verarbeitung der Prüfbescheinigungen in ein QM- oder Auftragsverwaltungssystem beim Besteller.

Folgende Möglichkeiten der elektronischen Dokumentation sind gegenwärtig bekannt:

a) Übertragung per E-Mail

Die Übersendung erfolgt hierbei über das Internet im Anhang an eine E-Mail in Form komprimierter Dateien, weil nur eine begrenzte Bandbreite der Internetanschlüsse dazu zwingt. Es werden möglichst verlustfreie Kompressionsalgorithmen verwendet, wie z. B. TIFF-Dateien (Tagged Image File Format). Zusätzlich lassen sich solche Dateien in PDF-Dateien von Adope-Software verpacken (Portable Data Format). Darüber hinaus können mehrere Prüfbescheinigungen in sogenannten ZIP-Dateien zusammengefasst, übertragen und geöffnet werden. Das Verfahren hat Nachteile durch Vergrößerungen und längere Übertragungszeiten.

b) Übertragung per FTP (File Transfer Protokoll)

Hierbei wird zwischen dem Sender der Daten und dem Empfänger eine doppelt logische Verbindung aufgebaut. Über einen Kanal werden Befehle ausgetauscht, über einen anderen Kanal werden direkt die binären Daten übertragen. Das Verfahren ist gut automatisierbar und wird für direkte Kopplung bei hohem Datenvolumen genutzt. Es müssen FTP-Server zur Verfügung stehen und Anmeldeinformationen müssen ausgetauscht werden. In die gleiche Kategorie fallen auch Datenübertragungen per ISDN-File-Transfer und über Standleitungen.

c) Direktanbindung

Bei einer sehr großen Zahl von jährlich zu liefernden Prüfbescheinigungen, also einem sehr hohen Übertragungsvolumen, ergeben sich über eine Direktanbindung zwischen Lieferant und Kunde Verbesserungsmöglichkeiten. Der Lieferant übermittelt nur noch die variablen Datensätze der Prüfbescheinigungen. Der Kunde nimmt die Datensätze elektronisch in das Layout der Prüfbescheinigungen des Lieferanten auf. Damit werden eine Vielzahl von Daten durch die graphischen Bestandteile der Bescheinigungen bei der Übertragung eingespart. Nachteil dieser Methode ist der relativ hohe EDV-Aufwand und die notwendige zusätzliche Arbeit bei Änderungen des Layoutes.

Bild 2.14 zeigt die übertragenen Dateien als Beispiel bei Direktanbindung und die daraus abgeleitete fertige Prüfbescheinigung als Ausdruck.

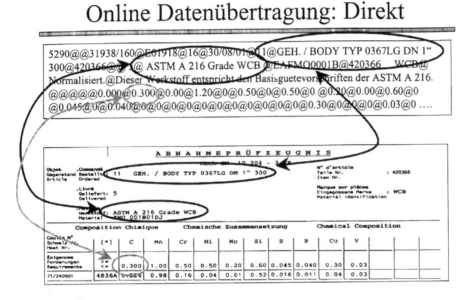

Bild 2.14   Übertragene Datei und die fertige Prüfbescheinigung bei Direktanbindung

d) Normiertes Protokoll

Eine weitere Übertragungsmöglichkeit ist ein normiertes Protokoll, bei dem sämtlicher Anpassungsaufwand bei verschiedenen Hersteller-/Bestellersystemen vermieden werden kann. Beispielhaft wäre diesbezüglich EDI (Electronic Data Interchange) einsetzbar. Über dieses Protokoll werden heute viele Dokumente zwischen den Datenbanken der Hersteller und Besteller abgewickelt, wie z. B. Angebote, Bestellungen, Rechnungen usw. (Bild 2.15).

Online Datenübertragung: EDI

```
UNB+UNOC:3+ILN-SENDER:14+ILN-EMPFÄNGER:14+890282:5423+1++++++1'
UNH+00000001000001+ORDERS:D:96A:UN'
BGM+220+11111'
DTM+137:20010914:102'
NAD+BY+4088888000001++Xomox International+Von Behringstr.15+Lindau+88131'
CTA++:Herr Maier'
COM+725228405:TE'
COM+0759376028:FX'
NAD+SU+2096666000001++Kunde GmbH+Waldstrasse+Musterstadt++99999'
LIN+1++4099999589611:EN'
IMD+++:::Kuekenhahn DN50 1.4408'
QTY+21:ST'
PRI+AAA:149.5'
UNS+S'
UNT+31+00000001000001'
UNZ+1+1'
```

Bild 2.15   Nutzdatei einer EDI-Bestellung

Schließlich bietet sich als Alternative zu EDI auch das Protokoll XML (eXtensive Markup Language) an. Es ähnelt dem Quelltext von Internetseiten und wird heutzutage bei modernen Internet-Shop-Lösungen genutzt. Der Vorteil von XML besteht darin, dass die Daten als Text leicht zu lesen sind und viele Programme XML-Schnittstellen besitzen. Der Nachteil liegt in der fehlenden Normierung der zu übertragenden Felder. Jedes Unternehmen kann eigene Formate, Namen und Reihenfolgen einsetzen, so dass eine Wiederverwendung der gleichen Software für unterschiedliche Kommunikationspartner erschwert wird.

Eine weitere Möglichkeit zum Datenaustausch bezüglich der Prüfbescheinigungen besteht in der Offline-Übertragung per Papier und dem nachträglichen Scannen und Ablegen der Dateien in TIFF-Dateien. Damit kann, wenn der Lieferant keine elektronischen Prüfbescheinigungen versenden kann oder will, wenigstens beim Besteller eine vollständige elektronische Bearbeitung der Bescheinigungen realisiert werden.

Nicht zuletzt muss die Sicherheit bei der elektronischen Übertragung von Daten angesprochen werden, zumal wenn die Daten über ein so öffentliches Netzwerk wie das Internet übertragen werden. Die Daten müssen geschützt werden gegen

➢ unerwünschtes Mitlesen durch Dritte und

➢ vorsätzliche Manipulation der Daten.

Diese Sicherheitsaspekte werden berücksichtigt, wenn die Daten vor der Übertragung verschlüsselt worden sind oder wenn sie elektronisch signiert werden, wodurch jede Änderung nach der Unterzeichnung nachgewiesen werden kann.

2.3.5 Ausführung und Gestaltung der Prüfbescheinigungen

Einheitliche Bezeichnungen, Erläuterungen und Gruppierungen der Bescheinigungsdaten sind in der Euronorm DIN EN 10168 [42] enthalten (Prüfbescheinigungen). Es werden Kenn-Nummern vorgegeben, die nicht geändert werden dürfen. Dadurch sind die Prüfbescheinigungen anhand der Kenn-Nummern unabhängig von der Sprache interpretierbar.

Ein einheitliches international genormtes Layout ist nicht möglich, weil jede Firma (Lieferer oder Händler oder Begutachter 3.1.C) eine eigene Darstellung bevorzugt, z. B. durch sein LOGO, weil ein extrem hoher EDV-Aufwand für die Anpassung erforderlich wäre und weil unterschiedliche Produkte geliefert werden.

2.3.6 Prüfbescheinigungen als Element der Vertragsprüfung im QM-System

2.3.6.1 Prüfbescheinigungen und Vertragsanforderungen

In den meisten Fällen werden Vertragsanforderungen, die über das normale Maß hinausgehen, wie z. B. hinsichtlich der Gütegruppe oder der Stahlsorte, durch spezifische Prüfbescheinigungen und die qualitätsgerechte Lieferung abgedeckt. Es werden 3.1 B-Zeugnisse ausgegeben. Verlangt der Kunde eine vom Hersteller unabhängige Bestätigung der Liefereigenschaften, so kann ein akkreditiertes Prüflabor ein 3.1 C-Zeugnis ausstellen und die Liefereigenschaften durch eigene Untersuchungen bestätigen.

Es ist verständlich, dass zur Prüfung und Beurteilung solcher Vorgänge eine entsprechende Vertragsprüfung erforderlich ist. Besondere Bedeutung hat die Vertragsprüfung auch deshalb, weil europäische und internationale Normen in zunehmendem Maße die deutschen nationalen Normen verdrängen. Beispielsweise ist in der DIN EN 10204 eine Vereinheitlichung der 3.1-Abnahmeprüfzeugnisse enthalten. Danach soll es keine 3.1.A- und 3.1.C-Prüfbescheinigungen mehr geben. Unabhängige Atteste von Liefereigenschaften werden zu 3.2 Abnahmeprotokollen hin verlagert. Hierdurch kommt es insbesondere im internationalen Geschäft zu Verwechslungen, in den Prüfbescheinigungen werden oft alte und neue Bezeichnungen eingebracht oder Kombinationen aus alten und neuen Prüfbescheinigungselementen benutzt.

Die Arten der Prüfbescheinigungen und die Zuständigkeiten für ihre Ausfertigung beschreibt DIN EN 10204 [41]. Hingegen legen die verschiedenen Werkstoffnormen fest, welche Eigenschaften überprüft werden müssen. Bild 2.16 zeigt ein Beispiel für eine polnische 3.1.B-Prüfbescheinigung, wo nur die chemische Analyse gefordert ist. In Bild 2.17 dagegen werden in einem mazedonischen 3.1.B-Zeugnis die chemische Analyse, die Festigkeitseigenschaften und die Härte und in Bild 2.18 wiederum die chemischen und mechanischen Eigenschaften dokumentiert.

2.3.6.2   Prüfbescheinigungen und Wareneingangskontrolle

Die Wareneingangskontrolle ist besonders für den Besteller von Bedeutung, während der Zwischenhändler zumeist keine eigenen Wareneingangskontrollen durchführt. Für ihn dient die Prüfbescheinigung u. a. auch als Mittel der Rückverfolgbarkeit von fehlerhaften Lieferungen.

Werden bei der Wareneingangskontrolle fehlerhafte Produkte festgestellt, so werden diese entweder umgehend an den Lieferanten zurückgeschickt oder bis zur Klärung des Problems in Sperrlagern aufbewahrt, um eine Verarbeitung zusammen mit fehlerfreien Produkten auszuschließen.

Es kann aber auch vorkommen, dass nicht das gelieferte Produkt fehlerhaft ist, sondern die Prüfbescheinigung fehlerhaft ausgestellt worden ist. In diesem Fall wird vom Besteller beim Hersteller oder Händler ein neues fehlerfreies Prüfzeugnis nachgefordert. Zurückgeliefert werden die Produkte auf jeden Fall, wenn Produkte und Prüfbescheinigung fehlerhaft sind.

Solche Fehler bei den Lieferungen können insbesondere entstehen, wenn durch falsche oder unsachgemäße Lagerung der Produkte oder durch Bearbeitungsfehler die gewünschte Kundenspezifikation nicht erreicht wird. Die weiteren Einsatzmöglichkeiten sind zwischen den Parteien individuell zu klären und hängen vom Umfang und der Schwere des Fehlers ab. Auf jeden Fall ersetzt eine Prüfbescheinigung die im Sinne der Produkthaftung erforderliche Wareneingangskontrolle beim Besteller nicht.

007459

HUTA im. T. SENDZIMIRA S.A. 30-969 KRAKÓW 28	ŚWIADECTWO ODBIORU 3.1. B NR: 20123 INSPECTION CERTYFICATE B EN 10204 /91/3. B	Kraków, dnia 24-06-99

Zamawiający
— Purchaser **METAL TRADERS LTD 54 Conduit Street London W1R 9FD**

Adres wysyłkowy
— Address **WIELKA BRYTANIA**

Nr i data zamówienia klienta No and date of purchase order	Nr zlecenia Manuf. Order No	Nr awiza Advice Nu	Nr wagonu Car No
351271098/99-0162	3128217	152/9/117/E	46448370

Wyszczególnienie zamówienia — Order Specification

Rodzaj materiału, stan dostawy, norma Grade of materials, state of delivery, standard	Wymiary Dimensions	Gatunek Steel grade	Wytop Heat	Nr partii Lot No	Sztuk Pieces	Kg Mg
Floor plates /tear drop pattern/ DIN 59220/83 DIN 17100/80 ORDER D7004226/LOT 7. "METAL TRADERS"	5x1500x3000	RSt37-2	OC101604 OC101604 OC101605	36059 36060 36057	103 97 43	48410

Wyniki badań — Test results

1. Skład chemiczny — Chemical composition %

Wytop Heat	C	Mn	S	P	S	Cr	Ni	Cu	Al	N₂	Mo
OC101604	0,07	0,69	0,01	0,012	0,013				0,046	0,004	
OC101605	0,07	0,72	0,01	0,014	0,012				0,046	0,004	

2. Właściwości mechaniczne — Mechanical properties

Nr partii Lot No	Granica plastyczności Re — MPa Yield point	Granica wytrzymałości Rm — MPa Tensile strength Lbs/sq. in.	Wydłużenie A — % Elongation at rupture	Badania technologiczne Technological test	Inne badania Other tests
36059 36060 36057				Transverse bend test d=2a good.	

Powierzchnia i wymiary — Sprawdzono zgodność z zamówieniem —
Surface and dimensions — tested according to purchase order

Na podstawie przeprowadzonych badań uznano, że wykonany wyrób jest zgodny z warunkami zamówienia. On the basis of the test it has been recognized that the product conforms with the order requirements.	2 Biuro Kontroli Jakości Quality Control Office Specjalista Kontroli Jakości inż. Kr... Żołza

Bild 2.16   Musterbeispiel für eine 3.1.B-Prüfbescheinigung nur mit chemischer Analyse

МАКСТИЛ А.Д. - Скопје
MAKSTIL A.D. - Skopje

2065.

ФАБРИЧКА ПОТВРДА ЗА КВАЛИТЕТ Бр.
INSPECTION CERTIIFICATE No. 75164
ACCORDING TO EN 10204-3.1.B

Производител: Our department: / Manufacturer Нарачач: Purchaser Услови на испораката: Terms of Delivery / Technical requirements Испорака-вагон / камион бр.: Delivery-wagon / truck No.: /Quality Заштитен жиг: Trade mark: ŽSK Печат на инспекторот Inspectors Stamp: (SM)	MAKSTIL - SKOPJE DUFERCO-LUGANO PO 512960 EN 10025/EN 10029-91 AD-WI S235JRG2 ACC. TO EN 10025-93 for tickness class A for flatnes class N	Нарачка бр: LOT 1 Order No Испратница бр: Dispatch Note: Состојба на испораката: CR Condition of Delivery: Вид на производот: Product: PRIME NEWLY PRODUCED HOT ROLLED STEEL PLATES

ХЕМИСКИ СОСТАВ / CHEM. CO

Број на шаржа Heat No.	Квалитет Quality	Парчиња Piece	Димензии Dimensions mm	Тежина Weight kg.	10^{-4} C	10^{-3} Si	10^{-2} Mn	10^{-3} P	10^{-3} S	10^{-3} Al
434909	S235JRG2	2	20x5000x12000	11304	7	23	42 Ni 18	9 Ti 0	31 0	39 Nb
434935	"	6	"	33912	7	24	42 6	14 0	24 0	23 0
434922	"	1	"	5652	10	23	48 7	23 0	21 0	43 0
		9		50868						

Тежина на шаржата
Way of casting

(D) електро печка
(D) electric furnace

ЕНЕРГИЈА НА УДАР / IMPACT

Број на шаржа Heat No	Број на лим Plate No. Sample/probe No.	Насока на земање на пробата Pos of sample	Граница на развлекување Yield Реη Reн N·mm²	Граница на кинење Tensile strength Rm N·mm²	Издол- жување Elongation A %	Насока на земање на пробата Pos of sample	Тип на пробата Тур	Поединечни вредности Individual values		
								1	2	3
434909	51529	T	288	415	31,6	L	ISO-V	226	230	21
434935	51525	"	290	425	32,6	"	"	210	206	21
434922	51519	"	289	426	28,0	"	"	210	210	21

Umfang und Ergebnisse der Prüfungen
entsprechen den deutschen Vorschriften

München, den 1 8. JAN 2001

TÜV Bayern Sachsen Thüringen/Südwest
Geschäftsstelle für Anlagen- und Materialtechnik
IV Baustoff- und Stahlbau
Sachverständige(r)

MAKSTIL
SKOPJE

Sichtprüfung
Bending test
Visual and dimensional inspection without complaint

Plates Marking: M
C
II
A

Bild 2.17   Musterbeispiel: Angabe der chemischen Analyse

91

	ABNAHMEPRUEFZEUGNIS B INSPECTION CERTIFICATE B CERTIFICAT DE RECEPTION B BESCHEINIGUNG 3.1.B NACH EN 10204	Zeugnis-Nr.: Certificate No.: N° du certificat:	96235623
KRUPP THYSSEN NIROSTA 11		Datum: Date: Date:	23.08.96

35667 DILLENBURG POSTFACH 1751	Besteller: Purchaser: Commettant:	THYSSEN SCHULTE
THYSSEN SCHULTE WERKSTOFFE GMBH	Bestell-Nr.: Order No.: Commande N°:	0021712 PER FAX
WESTFALIASTR. 185 44147 DORTMUND	Unser Auftrag Nr.: Our order No.: Notre commande N°: 789516	Lieferanzeige Nr.: Delivery Note No.: Avis d' expédition N°: 20005953
DEUTSCHLAND		Zeichen d. Sachverständigen Inspector's stamp Poinçon de l'expert ⓠⒶ

Erzeugnisform: Product: Produit: BLECH/SHEET/TOLE	Lieferbedingungen/Terms of delivery/Conditions de livraison:
	DIN 17441 AD W2 BS 1449 PART 2 / 1983 NFA 36209 - Z5 CN 18-09 NFA 35573 - Z6 CN 18-09
Werkstoff: Quality: Nuance: NIR. 4301 / 304 S 15	

Position Item Poste	Stückzahl Quantity Nombre	Gewicht kg Weight/Poids	Abmessung mm Size/Dimension	Erschm.-Art Melt.furn. Mode de fus	Schmelz-Nr. Cast-No. Coulée N°	Los-/Bund-Nr. Lot-/Coil-No. Lot-/Rouleau-N°	Ausführung Finish Fini
2	378	2726	0,50 X 1000,00 X 2000,00	AOD	800913	81320/00	3C2B

Schmelz-Nr. Cast-No. Coulée-N°	C %	SI %	Mn %	P %	S %	CR %	NI %	N %	%	%	%	%
800913	0,045	0,56	1,10	,024	,003	18,18	8,53	,0350				

Probe Nr. Test No. Epr. N°	Los-/Bund-Nr. Lot-/Coil-No. Lot-/Rouleau-N°	Rp 0,2 N/mm²	Rp 1,0 N/mm²	R$_m$ N/mm²	A80 %	%	HV
320A	81320/00	291	321	666	59		182
320E	81320/00	289	321	666	61		182

Verwechslungsprüfung (Spektralanalyse)/Test of identity (spectrum analysis)/Contrôle d' identification (analyse spectrale)	I.O.
Maße · Oberfläche/Dimensions - Surface/Dimensions - Surface	I.O.
Prüfung auf interkrist. Korros./Test of intercryst. corros./Test de corros. intercrist. DIN 50914	O.B.

Krupp Thyssen Nirosta GmbH	TRAITEMENT THERMIQUE: RECUIT CONTINUE (RECUIT DE MISE EN SOLUTION) A 1050 GRAD C/TREMPE A L'AIR
DIESES ZEUGNIS WURDE VOM RECHNER ERSTELLT WERK DILLENBURG ABNAHME	AGITE. HEAT-TREATMENT: SOLUTION ANNEALING AT TEMPERATURE 1050 DEGREE/AIR-QUENCHING. WAERMEBEHANDLUNG: DURCHLAUFGLUEHUNG (LOESUNGSGE- GLUEHT) BEI 1050 GRAD/ABSCHRECKUNG AN BEWEGTER
FRIEDL LUFT.	
WERKSSACHVERSTAENDIGER INSPECTOR / EXPERT (02771)390315	

Bild 2.18   Musterbeispiel für eine 3.1.B-Prüfbescheinigung mit chemischer Analyse,
Festigkeitseigenschaften und Härtewerten

Bei fehlerhaften Lieferungen sind folgende Unterscheidungen zu treffen:

➢ Die Fehler werden durch Nachbesserung eliminiert, so dass das Material wieder entsprechend der Kundenspezifikation verwendbar wird.

➢ Das Material ist entsprechend der Kundenspezifikation nicht mehr einsetzbar, erfüllt aber weiterhin die Voraussetzungen der Liefernorm. In solchen Fällen wird das Material eingelagert und für andere Aufträge wieder verwendet.

➢ Ist das Material durch die Fehler nicht mehr normgerecht und kann deshalb nicht anderweitig eingesetzt werden, so wird es verschrottet.

Fehlerhafte Lieferungen und fehlerhafte Prüfbescheinigungen werden durch die sorgfältige Lagerung und Bearbeitung sowie die Warenausgangsprüfung beim Hersteller und die Wareneingangsprüfung beim Besteller auf ein Minimum reduziert. Kommt es dennoch dazu, so erfolgt eine schnellstmögliche Überprüfung und Regulierung der Reklamation durch Ersatzlieferung, durch Preisminderung, wenn das Material beim Kunden anderweitig einsetzbar ist oder durch Rücknahme und Gutschrift.

2.3.6.3 Verwaltung von Prüfbescheinigungen

Eine sorgfältige und kurzfristig zugriffsfähige Verwaltung von Prüfbescheinigungen trägt ebenfalls zur Minimierung von Fehlern bei der Lieferung von Produkten oder Prüfbescheinigungen bei. Allerdings ist eine moderne datentechnische Bearbeitung von Prüfbescheinigungen erschwert durch die z. Z. noch uneinheitliche Vorgehensweise der Hersteller beim formalen Aufbau der Prüfbescheinigungen. Bei Zwischenhändlern bzw. mit dem Hersteller verbundenen Lagern, wie z. B. bei Thyssen-Schulte hat sich demgemäß folgende Vorgehensweise für die Verwaltung der Prüfbescheinigungen bewährt.

2.3.6.3.1 Eingabe von Prüfbescheinigungen

Das auf dem Postwege oder per E-Mail eingehende Zeugnis wird in einen leistungsstarken Computer eingescannt und mit einer Ident-Nummer versehen. Weitere in das Zeugnisverwaltungssystem eingehende Informationen sind

➢ der Lieferant

➢ die Bestell-Nummer

➢ die Artikel-Nummer

➢ die Proben-Nummer

➢ die Chargen-oder Schmelz-Nummer.

2.3.6.3.2 Ausgabe von Prüfbescheinigungen

Die auf der Arbeitsanweisung des Lagerarbeiters vermerkten Proben- und Chargen-Nummern werden in das Datensystem eingegeben, das mit diesen Suchkriterien das Zeugnis eindeutig findet und ausdruckt. Von den Bestellern besteht wegen des Termindruckes der Weiterverarbeitung oft die Forderung nach einer gleichzeitigen Lieferung der Produkte und der attestierten Werte in den Prüfbescheinigungen. Dies ist wegen des langen Weges der Prüfbescheinigung und des kurzen Weges der Produkte selten möglich (Bild 2.19).

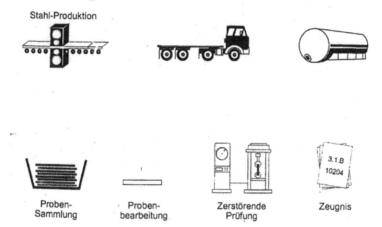

Der kurze Weg des Bleches und der lange Weg des Zeugnisses

Stahl-Produktion

Proben-Sammlung   Proben-bearbeitung   Zerstörende Prüfung   Zeugnis

Bild 2.19   Unterschiedliche Wege und damit Zeiten für die Herstellung und Lieferung eines Bleches und eines dazugehörigen Prüfzeugnisses [40]

Da die Randbedingungen derartiger Lieferungen beim Hersteller jedoch außerordentlich sicher bekannt sind und wenn die produktionsbegleitenden Prüfungen zufriedenstellend ausfallen, werden in den meisten Fällen die Produkte sofort und vor den Prüfbescheinigungen ausgeliefert.

2.3.6.4   Rechtliche Handhabung von Prüfbescheinigungen

Die Prüfbescheinigungen werden auf der Grundlage der DIN EN 10204 [41] erstellt. Normen sind nach einer Entscheidung des Bundesgerichtshofes (BGH) vom 25.09.1968 Empfehlungen, deren freiwillige Anwendung erwartet wird. Normen sind danach keine Gesetze, sie haben keinen gesetzesähnlichen Charakter.

Normen werden nur verbindlich, wenn die Vertragsparteien auf sie verweisen und ihr Inhalt dadurch in das Rechtsverhältnis einbezogen wird. Wer also eine Prüfbescheinigung wünscht, muss sie bei Vertragsabschluss bestellen. Prüfbescheinigungen können nicht einfach ohne vertragliche Vereinbarung angefordert werden. Das Fehlen vereinbarter Werkszeugnisse, Abnahmeprüfzeugnisse und Abnahmeprüfprotokolle berechtigt den Käufer oder Besteller sogar zur Zurückhaltung des Kaufpreises und/oder zum Rücktritt vom Vertrag nach erfolgloser Fristsetzung gegebenenfalls unter Inanspruchnahme von Schadenersatz.

Eine Prüfbescheinigung im Sinne der DIN EN 10204 ist eine genormte Bestätigung über die Konformität von Erzeugnissen mit den in der Bestellung oder einer Norm festgelegten Anforderungen.

2.3.6.4.1 Haftung aus fehlerhaften Prüfbescheinigungen

Das Fehlen von Prüfbescheinigungen bei Lieferung der Produkte ist keine Seltenheit, wie bereits erörtert worden ist. Der Weg des Produktes zum Kunden ist meistens viel kürzer oder schneller zu absolvieren als der Weg der Prüfbescheinigung. Das Prüfbescheinigungen dann aber gar nicht mehr nachgeliefert werden, ist fast auszuschließen, da sie wie oben dargestellt, Bestandteil des Vertrages sind.

Viel mehr kann davon ausgegangen werden, dass entweder falsche inhaltliche Angaben in der Bescheinigung oder eine falsche Zuordnung der Prüfbescheinigung zum Produkt vorkommen. Welche Bedeutung solche Mangelerscheinungen haben können, zeigt folgendes Beispiel.

Ein Kunde bestellt beim Stahllieferanten längsgeschweißte Stahlrohre für Erdgasleitungen nach DIN 2470-1 [43] mit einem Abnahmeprüfzeugnis 3.1.B. Bei Lieferung und Verlegung der Rohre sind die zugehörigen Prüfbescheinigungen noch nicht beim Kunden angekommen. Erst nach dem Zuschütten der Rohrgräben treffen die Prüfbescheinigungen ein. Schnell wird festgestellt, dass es sich um falsche Zeugnisse handelt, weil sie nicht vom Hersteller der betreffenden Rohre ausgestellt worden sind. Die richtigen Zeugnisse kann der Lieferant nicht mehr beschaffen. Der Kunde klagt daraufhin auf Feststellung, dass der Lieferant ihm den Schaden zu ersetzen habe, weil die Rohre nicht die erforderliche Beschaffenheit aufweisen können.

Durch diesen Fall wird die Frage aufgeworfen, ob ein fehlendes Zeugnis das Produkt fehlerhaft macht, zu dem es geliefert werden sollte oder ob Fehler im Produkt oder das Fehlen von Prüfbescheinigungen mit Sachmängeln der Produkte gleichzusetzen sind.

Nach § 434 Abs. 1 des BGB ist eine Sache frei von Sachmängeln, wenn sie die vereinbarte Beschaffenheit aufweist. Darunter wird die Summe der Eigenschaften der Sache oder des Produktes verstanden. Fehlt also dem Produkt eine Eigenschaft, wenn die vereinbarte Prüfbescheinigung fehlt oder Fehler enthält?

Diese Frage kann nur dort uneingeschränkt bejaht werden, wo das Produkt ohne die betreffende Bescheinigung nicht verwendet werden darf oder kann. Das scheint für Stahlrohre zuzutreffen, denn nach Abschnitt 3.5 der DIN 2470-1 sind gewisse Nachweise der Güteeigenschaften, z. B. die chemische Analyse, durch Prüfbescheinigungen nach EN 10204 zu erbringen. Da die DIN 2470 jedoch kein Gesetz ist, müssen zur Klärung der gestellten Frage die technischen Regeln des DVGW untersucht werden. In §16 Abs. 2 des Energiewirtschaftsgesetzes heißt es:

„Die Einhaltung der allgemein anerkannten Regeln der Technik wird vermutet, wenn bei Anlagen zur Erzeugung, Fortleitung und Abgabe von Gas die technischen Regeln des Deutschen Vereins des Gas- und Wasserfaches e. V. eingehalten worden sind."

Weil Vermutungen jedoch nicht zwingend sind, kann die Einhaltung der anerkannten Regeln der Technik auch auf andere Weise als durch die Einhaltung der DVGW-Regeln geführt werden, demnach auch ohne Vorlage einer 3.1 B-Prüfbescheinigung. Eine fehlerhafte Prüfbescheinigung macht daher das Produkt als solches nicht fehlerhaft und löst deshalb auch keine Mängelansprüche des Käufers aus. Man denke in diesem Zusammenhang auch an die Frage der Produkthaftung, wonach eine Prüfbescheinigung eine eigene Wareneingangsprüfung des Kunden nicht ersetzt.

Angaben in Prüfbescheinigungen mögen zwar dazu dienen, bestimmte Eigenschaften des geprüften Produktes zu kennzeichnen. Sie sind jedoch keine öffentlichen Äußerungen des Herstellers innerhalb der Vertriebskette. Sie sind nicht geeignet, die Kaufentscheidung des Kunden in seiner Funktion als Verwender der Prüfbescheinigung zu beeinflussen.

2.2.6.4.2 Haftung auf Erfüllung und Schadensersatz

Mit der Feststellung, dass fehlende oder fehlerhafte Prüfbescheinigungen in der Regel keine Mängelansprüche des Käufers auslösen, ist jedoch ungeklärt geblieben, ob andere Ansprüche, wie Erfüllung oder Schadensersatzansprüche bestehen bleiben. Fehlt die Prüfbescheinigung oder beinhaltet sie Fehler, so kann der Kunde bzw. Käufer ihre Beistellung verlangen und im Grundsatz die Zahlung des Kaufpreises verweigern. Das Erfüllungsrecht steht aber unter den Geboten von Treu und Glauben, d. h. sind wie im beschriebenen Fall die Stahlrohre bereits im Erdreich verlegt und müssen sie zwecks Überprüfung wieder ausgegraben werden, so steht der dazu erforderliche Aufwand im krassen Missverhältnis zum Erfüllungsanspruch und lässt ihn entfallen. Diese Rechtsfolge ist seit dem 01.01.2002 ausdrücklich im Gesetz festgeschrieben (§ 275 Abs. 2 BGB).

Unter welchen Umständen stehen dem Käufer dann aber Schadensersatzansprüche zu, wenn die Prüfbescheinigungen fehlen oder falsche Angaben enthalten? Hierzu muss darauf verwiesen werden, dass der Käufer vom Verkäufer dann den Ersatz des bei ihm eingetretenen Schadens verlangen kann, wenn dieser Schaden ihm aus einer Pflichtverletzung des Verkäufers entsteht. Dies kann jedoch wiederum nur der Fall sein, wenn der Verkäufer nach § 276 BGB mit Vorsatz oder unter Fahrlässigkeit gehandelt hat, also ein Verschulden des Verkäufers vorliegt.

Betreffen die Schadensersatzansprüche einen Händler der Erzeugnisse, so gehen die Gerichte davon aus, dass sämtliche Erklärungen einer Prüfbescheinigung vom Hersteller stammen und nicht vom Händler. Wenn ein Händler solche Zeugnisse weitergibt, wozu er ja verpflichtet ist, verbindet er damit nicht die Garantie gegenüber dem Abnehmer für die Richtigkeit der geprüften und bescheinigten Werte. Der Zwischenhändler haftet nicht für Fehler in Prüfbescheinigungen, die er vom Hersteller erhalten hat und unverändert an seinen Kunden weiterreicht, es sei denn, dass er den Fehler gekannt hat oder ihn hat erkennen müssen. Es ist anzunehmen, dass die Gerichte auch zukünftig die Angaben in Prüfbescheinigungen nicht als garantierte oder zugesicherte Eigenschaften werten werden.

2.2.6.4.3 Haftung des Herstellers

Dem Hersteller obliegt vertragsgemäß in den Fällen der Erstellung eines Werkszeugnisses 2.2, eines Werksprüfzeugnisses 2.3 und eines Abnahmeprüfzeugnisses 3.1 B die Pflicht zur Prüfung des Materials. Um nachzuweisen, dass das gelieferte Material den vereinbarten technischen Lieferbedingungen entspricht. Weichen Produkt und Bestätigung voneinander ab, so haftet der Hersteller seinem Käufer gegenüber auf Schadensersatz, wenn er die Abweichung zu vertreten hat (§ 276 BGB).

Zu vertreten hat der Hersteller den Vorsatz und die Fahrlässigkeit einschließlich dem Verschulden seiner Erfüllungsgehilfen. Erfüllungsgehilfen in diesem Sinne sind die Mitarbeiter der Prüfabteilung oder der Qualitätsstelle des Herstellers sowie der Werkssachverständige. Fehler dieser Personen muss sich also der Hersteller anrechnen lassen, weil er in einer solchen Prüfbescheinigung bestätigen muss, dass die gelieferten Erzeugnisse den Anforderungen bei der Bestellung entsprechen mit Angabe der Prüfergebnisse.

Prüfbescheinigungen enthalten grundsätzlich keine Garantiewirkung, weil sie nach EN 10204 eine genormte Bestätigung über die Konformität von Erzeugnissen mit den in der Bestellung oder einer Norm festgelegten Anforderungen ist. Wer aber etwas bestätigt, will es nicht garantieren, schon gar nicht gegenüber jedermann.

2.3.6.4.4 Haftung des Ausstellers

In den Fällen, wo fremde Institutionen als Sachverständige eine Prüfbescheinigung ausstellen, die nicht in Diensten des Herstellers stehen, haftet der Hersteller nicht für Fehler der betreffenden Personen und Institutionen. Einerseits wird der unabhängige Sachverständige zwar in den meisten Fällen vom Hersteller beauftragt, andererseits handelt der Hersteller dabei jedoch nur im Auftrag des Bestellers und reicht die ihm entstandenen Kosten weiter an den Besteller. Die Fremdabnahme erfolgt nämlich ausschließlich im Interesse des Bestellers, der eine vom Hersteller unabhängige Institution zur Bestätigung der vom Hersteller ermittelten Prüfergebnisse beauftragen will.

Bei der Verantwortung aus fehlerhaften Prüfbescheinigungen geht es nicht um die Frage der Haftung aus Mängeln der Erzeugnisse, denn wie bereits abgeleitet, ist der Mangel in einer Prüfbescheinigung nicht einem Sachmangel gleichzusetzen. Ein Durchgriff zum Aussteller der fehlerhaften Prüfbescheinigung auf dem Wege der Mängelhaftung scheidet also aus.

2.3.6.4.5 Haftung als unabhängiger Sachverständiger (Gutachter)

Hierbei ist primär zu fragen, ob derjenige, der eine Prüfbescheinigung ausstellt, gleich ob im Rahmen einer Eigen- oder Fremdabnahme, nicht dabei Pflichten übernimmt, die dem Schutz nicht nur des eigenen Vertragspartners, sondern auch demjenigen dienen, dem die Prüfbescheinigung letztlich zugute kommt. Man spricht dabei von Schutzwirkung gegenüber „Dritten", dem sogenannten Drittschutz. Darüber hinaus unterstellt das Recht ein besonderes Interesse des Auftraggebers an dem Schutz von Dritten, z. B. des Bestellers. Dieser Wille zum besonderen Schutz des Dritten (Besteller) wird insbesondere dann sichtbar, wenn der Hersteller unabhängige Sachverständige aus Institutionen auswählt, die akkreditiert sind, also über ausgewiesene Sachkunde verfügen. Schließlich müssen die beschriebenen Voraussetzungen für den Sachverständigen im Zeitpunkt des Vertragsabschlusses bekannt oder erkennbar sein.

Solche Voraussetzungen treffen regelmäßig auf den Fremdsachverständigen zu, der Prüfbescheinigungen nach 3.1 der DIN EN 10204 ausstellt. Dabei ist folgendes zu unterstellen:

➢ Das Produkt der Tätigkeit eines vom Hersteller der Erzeugnisse unabhängigen Sachverständigen ist mit einem Gutachten gleichzusetzen. Entscheidend ist dabei der sachliche Inhalt des Gutachtens. Abnahmeprüfzeugnisse nach 3.1 der DIN EN 10204 sind solche Gutachten, weil sie die Voraussetzung für die Verwendung der untersuchten Produkte bilden und die Übereinstimmung mit den technischen und amtlichen Regeln sowie den Lieferbedingungen bestätigen.

➢ Diese Sachverständigen werden regelmäßig im Interesse des Verwenders (Besteller) des Materials tätig, der die Prüfbescheinigungen oder Gutachten für die Weiterverarbeitung der gelieferten Produkte benötigt.

➢ Das Interesse des Anwenders an der Richtigkeit der Feststellung des Sachverständigen bedeutet andererseits das Erfordernis seiner Einbeziehung in den Schutzbereich des Vertrages zwischen Hersteller und Anwender. Damit sind in der Person des Fremd-Sachverständigen sämtliche Voraussetzungen für dessen Einbeziehung in den Schutzbereich des Bestellers erfüllt.

Diese Voraussetzungen für die Haftung bei Fremd-Sachverständigen treffen gleichermaßen auch auf Werkssachverständige, also Mitarbeiter des Herstellers zu. Resultierend kann festgestellt werden, dass Fehler in einer Prüfbescheinigung sowohl bei Fremdabnahme wie auch bei Eigenabnahme, Verschulden vorausgesetzt, die Haftung des Ausstellers begründen. Diese Haftung ergibt sich entweder aus dem unmittelbaren Vertragsverhältnis zwischen dem Besteller und dem Sachverständigen oder aus dem Gesichtspunkt des Vertrages mit Schutzwirkung zugunsten Dritter (§ 311 Abs. 3 BGB).

2.3.7 Prüfbescheinigungen und handelsrechtliche Untersuchungs- und Anzeigepflichten

Nach dem geltenden Handelsrecht (HGB) werden den Kaufleuten Pflichten auferlegt, wonach der Kaufmann eine Ware unverzüglich nach Anlieferung zu untersuchen hat. Stellt er dabei Mängel fest, so hat er diese dem Verkäufer ebenso unverzüglich anzuzeigen. Es handelt sich dabei um sogenannte offene Mängel, d. h. die nach einer zumutbaren Untersuchung festzustellen sind. Verspätete Mängelanzeigen (Rügen, Reklamationen) führen dazu, dass die Ware als genehmigt gilt. Dadurch verliert der Käufer die Rechte, die er sonst des Fehlers wegen hatte. War der Mangel bei einer derartigen Eingangskontrolle nicht erkennbar, so verliert der Käufer diese Rechte nur, wenn er den betreffenden versteckten Mangel nicht unverzüglich nach dessen Entdeckung anzeigt (§ 377 Abs. 3 HGB).

Aus o. g. Zusammenhängen ist abzuleiten, dass geklärt werden muss, ob einerseits eine Prüfbescheinigung die Untersuchung der Produkte inbezug auf die bescheinigten Werte und sonstigen Angaben entbehrlich macht und andererseits, ob die Prüfbescheinigung nach DIN EN 10204 selbst Gegenstand handelsrechtlicher Rügepflichten ist.

2.3.7.1 Prüfbescheinigung und Wareneingangsprüfung

Diesen Sachverhalt soll folgender Fall verdeutlichen [30] :

„Eine Stahlfirma liefert Edelstahlrohre mit einem Abnahmeprüfzeugnis nach 3.1 B an eine Kesselbaufirma zur Herstellung von Wärmetauschern. Nach dem Einbau der Rohre stellt sich heraus, dass die Rohre nicht die im Prüfzeugnis angegebenen mechanischen Eigenschaften aufweisen. Die Kesselbaufirma verlangt die Lieferung neuer Rohre."

Es muss also zunächst festgestellt werden, ob das Fehlen der mechanischen Eigenschaften nicht bei einer Wareneingangsprüfung im vertretbaren Maß festgestellt werden konnte und demgemäß angezeigt werden musste. Eine solche vertretbare Wareneingangsprüfung kann nicht auf die Untersuchung der in einer Prüfbescheinigung testierten Untersuchungsergebnisse, also z. B. der chemischen Analyse oder der mechanischen Eigenschaften, hinauslaufen. Der Zweck von Prüfbescheinigungen besteht ja gerade im Nachweis für das Einhalten der vereinbarten Anforderungen für die gekauften Produkte. Warum soll nochmals geprüft werden, was schon geprüft ist? Jede weitere Prüfung beim Besteller oder Verwender ist kontraproduktiv und überflüssig und widerspricht dem Prinzip der arbeitsteiligen Wirtschaft.

Der Besteller bzw. der Kesselbauer wird also von seiner handelsrechtlichen Rügepflicht befreit, soweit in den ihm gelieferten Prüfbescheinigungen geprüfte Werte testiert sind. Analoges gilt für den Zwischenhändler, der berechtigt ist, die Untersuchung seinem Abnehmer zu überlassen. Soweit dieser Abnehmer das Produkt nicht auf die bestätigten Werte untersuchen muss, kann sich der Zwischenhändler seinem Vorlieferanten gegenüber hierauf berufen. Andererseits entbinden Prüfbescheinigungen weder den Endabnehmer noch den Zwischenhändler von der unverzüglichen Anzeigepflicht solcher Mängel, die sich bei der Verarbeitung der Produkte zeigen.

2.3.7.2 Rügerecht und unterlassene Prüfungen

Ein weiterer Fall soll zur Klärung dieses Sachverhaltes beitragen:

„Eine Schmiede kauft bei einem Stahlhersteller seit Jahren bestimmte Flachstähle des Werkstoffes S 355 nach DIN 10025 [46] ohne Ultraschallprüfung, obwohl in ihrer Qualitätsstelle bekannt war, dass diese Prüfung aufgrund des Herstellungsverfahrens (einem veralteten Blockgussverfahren) wegen der möglichen Gefahr der Verunreinigung des Stahls geboten war. Die Bestellung einer ultraschallgeprüften Ware hätte gegen einen entsprechenden Aufpreis erfolgen können, wurde jedoch unterlassen".

Aus dem gelieferten Stahl liefert die Schmiede Rohlinge für KfZ-Türscharniere, von denen bei der Endmontage ca. 2 % wegen Einschlüssen in den Scharnieren ausfallen. Hätte die Schmiede das Vormaterial werksseitig mit Ultraschall prüfen lassen, so wäre der Schaden nicht entstanden, weil die fehlerhaften Flachstähle durch die Ultraschallprüfung erkannt und ausgesondert worden wären.

2.3.7.3   Prüfbescheinigungen und Rügepflicht

Anhand eines weiteren Falles soll geklärt werden, ob Prüfbescheinigungen ebenso unverzüglich zu untersuchen und Fehler darin gleichermaßen anzuzeigen sind wie Fehler des Produktes selbst.

„Eine Werft bestellt bei einem Stahllieferanten Grobbleche für den Aufbau eines Schiffes mit bestimmten Kerbschlagwerten, die in einem Abnahmeprüfzeugnis 3.1 B bescheinigt werden sollen. Die Bleche werden geliefert und verarbeitet. Aus dem Zeugnis ist ohne besonderen Aufwand zu erkennen, dass die Kerbschlagprüfung bei zu hoher Temperatur erfolgt ist. Die Werft muss die Bleche ausbauen und ersetzen. Es entsteht infolge dessen ein Schaden von ca. 100000 €. Musste die Werft den Fehler rechtzeitig dem Lieferanten anzeigen, so dass der Folgeschaden nicht entstanden wäre?"

In diesem Vortrag wurde bereits abgeleitet, dass das Fehlen von Prüfbescheinigungen und Fehler in Prüfbescheinigungen mit Sachmängeln am verkauften Produkt nicht gleichzusetzen sind. Man muss jedoch bedenken, daß § 377 HGB sich auf Mängel an der verkauften Ware bezieht und beschränkt. Weiterhin gibt es Urteile von Oberlandesgerichten, dass das Fehlen einer Prüfbescheinigung vom Besteller selbst nicht rügepflichtig ist, wohl aber Fehler in Prüfbescheinigungen, die offensichtlich einen Sachmangel indizieren. Andernfalls brauchte sich der Besteller die Prüfbescheinigung gar nicht anzusehen, man müsste sich fragen, warum die Prüfbescheinigung überhaupt Bestandteil des Vertrages sein soll.

Der Besteller muss also sehr wohl die Prüfbescheinigung auf Übereinstimmung mit dem Vertrag und dem von ihm bestellten Produkt prüfen und bei Unstimmigkeiten die Mängel sofort dem Lieferanten anzeigen. Analog ist es erforderlich, dass unverzüglich angezeigt wird, wenn die Prüfbescheinigung richtig ist, aber erkennbar ist, dass das Produkt falsch ist. Wenn also

z. B. Bleche bestellt und Brammen geliefert werden, sind derartige Mängel unverzüglich zu rügen. Daraus folgt, dass Prüfbescheinigungen den Endabnehmer und den Zwischenhändler zwar von der Untersuchung der gelieferten Produkte hinsichtlich solcher Eigenschaften, die in der Prüfbescheinigung bestätigt sind, entbindet, andererseits aber solche Fehler und Angaben in Prüfbescheinigungen, die auf einen Mangel des Erzeugnisses schließen lassen, unverzüglich wie der Mangel selbst anzuzeigen sind.

2.3.7.4 Prüfbescheinigungen und Produkthaftung

Prüfbescheinigungen haben inbezug auf die Produkt- und Produzentenhaftung als haftungsauslösendes Mittel wenig Bedeutung, weil ein direkter Zugriff des Bestellers auf den Hersteller, wie bereits abgeleitet, nur dann möglich ist, wenn durch das Inverkehrbringen eines unsicheren Produktes ein Sach- oder Personenschaden verursacht wird. Die Produkthaftung hingegen deckt reine Vermögensschäden, wie sie z. B. durch den Aus- und Wiedereinbau der Grobbleche im vorher geschilderten Fall entstanden sind, nicht ab. Rein theoretisch könnte es auch durch einen Fehler in einer Prüfbescheinigung einmal zu einem Sach- oder Personenschaden kommen, aber selbst dann ist fraglich, ob die Gerichte diesen anerkennen.

Anders muss der Fall der Haftungsprophylaxe betrachtet werden. Hier kann die Prüfbescheinigung ein nützliches Instrument der Rückverfolgbarkeit der Herstellung des Erzeugnisses werden. Durch die Prüfbescheinigung wird der Hersteller des Produktes benannt, der u. U. ohne Prüfbescheinigung nicht erkannt werden kann, weil der Weg des Produktes bis zum Endabnehmer nicht mehr eindeutig nachgewiesen werden kann. Prüfbescheinigungen sind also geeignet, Produkt-Haftungsrisiken dadurch zu mindern, indem sie die Rückverfolgbarkeit des Produktes erleichtern.

2.3.7.5 Prüfbescheinigungen und Aufbewahrungspflichten

Stuft man Prüfbescheinigungen in die Reihe der qualitätssichernden Unterlagen ein und Werkstoffprüfungen sind immer ein Teil des Qualitätsmanagementsystems, so müssen Aufbewahrungsfristen oder -pflichten von mindestens 10 Jahren unterstellt werden. Das Deutsche Akkreditierungs- und Prüfwesen schreibt 10 + 3 Jahre zur Aufbewahrung solcher Unterlagen vor. Vom Gesetzgeber gibt es jedoch keine Vorschrift, wonach Mindestaufbewahrungspflichten für Prüfbescheinigungen festgeschrieben sind. Es ist deshalb sinnvoll, dass solche Fristen zwischen Hersteller, Zwischenhändler und Besteller vereinbart werden.

2.3.7.6 Prüfbescheinigungen in der Vertragsgestaltung

Die vorbeugende Haftungsvermeidung beginnt mit der Vertragsgestaltung. In Bezug auf die Lieferung von Prüfbescheinigungen ist diesbezüglich zu beachten:

- die genaue Bezeichnung der Bescheinigung
- die Kostenfrage
- die Erfüllungsfrage
- die Verbindlichkeit von Prüfbescheinigungen
- die Haftung für fehlerhafte Prüfbescheinigungen.

Solche Bestandteile sind zumeist im Inhalt der Allgemeinen Geschäftsbedingungen wiederzufinden. So ist es z. B. im Stahlhandel üblich, in den Verkaufsbedingungen klarstellend festzuhalten, dass Prüfbescheinigungen weder Beschaffensheitsangaben noch Garantien sind. In den Einkaufsbedingungen findet man häufig den Passus, dass Zahlungsfristen nicht vor Ablieferung der vereinbarten Prüfbescheinigungen zu laufen beginnen.

Die Vertragsgestaltung hinsichtlich der Prüfbescheinigungen sollte sich demgemäß auf die Einschränkung der Haftungsrisiken beschränken. In den Fällen, wo der Hersteller unmittelbar seinem Kunden haftet, sind die Haftungsbegrenzungsklauseln des Herstellers in dessen Verkaufsbedingungen wirksam. Unter diesen Voraussetzungen bleibt die Haftung des Herstellers im Grundsatz auf den Fall der vorsätzlichen oder grob fahrlässigen Verursachung eines Fehlers in den Prüfbescheinigungen begrenzt.

Schwieriger ist die Rechtslage, wenn keine direkten vertraglichen Beziehungen zwischen dem Hersteller und dem Verwender des Materials bestehen, so dass Haftungsbeschränkungen nicht unmittelbar greifen können. Diese können dann erweitert werden, indem festgelegt wird, dass die Haftungsbeschränkungen auch im Verhältnis zu solchen Personen gelten, zu denen Schutzpflichten bestehen. In den Allgemeinen Geschäfts- oder Lieferbedingungen sollte also auf die richtige und wirksame Gestaltung von Haftungsklauseln geachtet werden, die auch den Besonderheiten der durch die Ausstellung und Weitergabe begründeten Schutzpflichten Rechnung tragen.

Weil in den Fällen der Schadensklärung die Allgemeinen Geschäftsbedingungen der Partner jedoch nur insoweit bei der Rechtsprechung beachtet werden, wo sie sich nicht widersprechen und ansonsten die gesetzlichen Regelungen des bürgerlichen Gesetzbuches, des Handelsgesetzbuches und der Zivilprozessordnung zur Anwendung kommen, sollten im Rahmen langfristiger Geschäftsbeziehungen Rahmenvereinbarungen und sog. Qualitätssicherungs- oder Qualitätsmanagementvereinbarungen abgeschlossen werden. In diesen Dokumenten können wechselseitige Prüf- und Kontrollpflichten auch zu den Prüfbescheinigungen einbezogen werden. Das gilt insbesondere für weitverzweigte Lieferbeziehungen, wenn z. B. einige Hauptlieferanten und mehrere Unterlieferanten den oder die Verwender bzw. Endverbraucher beliefern.

Vorteile solcher QS-Vereinbarungen sind

- Systematische Qualitätsverbesserung durch präventive Fehlervermeidung
- Kostenreduzierung durch Verringerung der Fehlerbeseitigungskosten
- Verminderung des Produkthaftungsrisikos
- Vermeidung unwirtschaftlicher Mehrprüfungen
- Klärung von potentiellen Streitfragen
- Intensivierung des Informationsaustausches.

Im Inhalt dieser QS-Vereinbarungen sollte unbedingt Bezug genommen werden auf die exakte Auflistung und Beschreibung der zu liefernden Erzeugnisse und ihrer Verwendung im Herstellungsprozess des Käufers, auf die Art und das Ausmaß der wechselseitigen Prüfpflichten und damit zur erforderlichen Wareneingangskontrolle und zu Art und Umfang der Dokumentation und ihre Aufbewahrung. Schließlich sind auch die Allgemeinen Einkaufs- und Verkaufsbedingungen und der Eigentumsvorbehalt zu beachten.

2.3.7.7 Prüfbescheinigungen und Versicherungsschutz

Ein wichtiger Teil der Haftungsvorsorge ist der richtige Versicherungsschutz. Dieser Versicherungsschutz kann bestehen aus einer

- konventionellen Betriebshaftpflichtversicherung
- erweiterten Betriebshaftpflichtversicherung.

Die konventionelle Betriebshaftpflichtversicherung deckt Schadensersatzansprüche, nicht aber Ansprüche des Abnehmers aus der reinen Sachmängelhaftung des Lieferers ab. Handelt sich demnach um reine Vermögensschäden durch eine Nichterfüllung des Vertrages in Bezug auf die mitzuliefernden Prüfbescheinigungen, so sind diese Schäden durch die konventionelle Betriebshaftpflichtversicherung nicht abgedeckt.

Gedeckt sind hingegen sämtliche Schäden aus der Produzentenhaftung, also der außervertraglichen Haftung, die alle Schäden einschließt, welche infolge der Herstellung oder Lieferung einer fehlerhaften Sache und infolge einer daraus resultierenden Sach- oder Personenschädigung entstanden sind. Soweit also Fehler in Prüfbescheinigungen zu Produkthaftungsschäden führen, sind diese Schäden durch eine konventionelle Betriebshaftpflichtversicherung gedeckt. Mittels einer erweiterten Betriebshaftpflichtversicherung sind Vermögensschäden abzusichern, wie z. B.

- Schäden durch Verbindung, Vermischung, Verarbeitung mangelhafter Produkte mit anderen Produkten

- Kosten Dritter für Weiterverarbeitung oder Weiterbearbeitung mangelhafter Produkte ohne vorherige Verbindung, Vermischung und Verarbeitung

- Aus- und Einbaukosten.

Schließlich kann über eine solche Versicherung die Haftung aus dem Fehlen zugesicherter Eigenschaften abgedeckt werden, weil z. B. ein Wert in einer Prüfbescheinigung falsch ermittelt worden ist.

2.3.7.8   Prüfbescheinigungen im internationalen Geschäftsbetrieb

Im grenzüberschreitenden Verkehr gelten, wenn nichts anderes vereinbart ist, die Bestimmungen des CISG (Übereinkommen der Vereinten Nationen über Verträge über den internationalen Warenkauf) [47]. In Europa gilt es mit Ausnahme der Länder Großbritanniens, Irlands, Portugals, Albaniens und der Türkei.

Der sachliche Anwendungsbereich des UN-Kaufrechtes ist auf Kaufverträge und Werklieferungsverträge über Waren beschränkt. Zudem gilt es nur für internationale Kaufverträge, also zwischen solchen Parteien, die ihre Niederlassungen in verschiedenen Vertragsstaaten besitzen.

Wenn und soweit also über die Grenzen gekauft und verkauft wird und dabei Prüfbescheinigungen nach EN 10204 vereinbart werden, gilt eben dieses internationale Recht. Im Unterschied zum deutschen Recht ordnet Artikel 45 des CISG eine generelle Schadensersatzpflicht für alle Fälle an, in denen der Verkäufer einer seiner Pflichten des Vertrages nicht nachkommt.

Im internationalen Geschäftsbetrieb haftet der Verkäufer demnach seinem Käufer gegenüber aus Fehlern von Prüfbescheinigungen auf Schadensersatz ohne Rücksicht darauf, ob ihn an dem betreffenden Fehler ein Verschulden trifft.

3. Literaturverzeichnis

[1] Schumann Metallographie;

[2] Buehler SumMet, Leitfaden zur Präparation von Werkstoffen 2013;

[3] Schiebold, Skript Metallographie 2008;

[4] DIN EN ISO 377, Proben für mechanische Prüfungen 2017;

[5] DIN EN ISO 17025, Allgemeine Anforderungen an die Kompetenz von Prüf- und Kalibrierlaboratorien 2016;

[6] Greven, Magin, Werkstoffkunde, Werkstoffprüfung für technische Berufe, Verlag Handwerk und Technik Hamburg 2010;

[7] Bargel, Schulze, Werkstoffkunde, Springer-Verlag Berlin Heidelberg 2018;

[8] Eisenkolb, Einführung in die Werkstoffkunde, VEB Verlag Technik Bd. II, 1960;

[9] Stüdemann, Werkstoffprüfung und Fehlerkontrolle in der Metallindustrie, Carl Hanser Verlag München 1962;

[10] Internet Schütz – Licht;

[11] DIN-Taschenbuch 19, Materialprüfnormen für metallische Werkstoffe 1, Beuth Verlag GmbH Berlin, Köln 1990;

[12] Pogodin, Alexejew, Geller, Rachschtadt, Metallkunde, VEB Verlag Technik Berlin 1956;

[13] Grellmann, Herausforderungen neuer Werkstoffe an die Forschung und Werkstoffprüfung, Tagungsband Werkstoffprüfung 2005;

[14] Schatt, Einführung in die Werkstoffwissenschaft, VEB Deutscher Verlag für Grundstoffindustrie Leipzig 1972;

[15] Beyer, Handbuch der Mikroskopie, VEB Verlag Technik Berlin 1973

[16] Autorenkollektiv, Fachkunde Metall, Verlag Europa-Lehrmittel 2003;

[17] Buehler, PlanarMet 300 2015;

[18] Schiebold, Skript Zerstörende Prüfung 2003;

[19] Schiebold, Skript Basic 2009;

[20] Internet METCON;

[21] Internet ATM;

[22] Blumenauer, Pusch, Bruchmechanik, VEB Deutscher Verlag für Grundstoffindustrie 1973;

[23] Internet Rasterelektronenmikroskopie;

[24] Internet WZR Ceramic Solutions GmbH;

[25] Manfred von Ardenne: Das Elektronen-Rastermikroskop. Praktische Ausführung. In: Zeitschrift für technische Physik. 19, 1938, S. 407–416;

[26] Internet Mikrosonde, http://www.geowiss.uni-mainz.de/Illustrationen/EMS.

[27] Internet ASTM E 112;

[28] Schiebold, Skript Metallographie LVQ-WP Werkstoffprüfung GmbH 2008;

© Springer-Verlag GmbH Deutschland, ein Teil von Springer Nature 2018

[29] DIN EN ISO 643, Mikrophotographische Bestimmungder erkennbaren Korngrösse 2017;

[30] Lober, Informationen über Stahl für Metallographen 2017;

[31] DIN EN ISO 945, Graphitklassifizierung durch visuelle Auswertung 2016;

[32] VDG-Merkblatt P441, Richtreihen zur Kennzeichnung des Gefüges von Eisen-Kohlenstoff-Gusslegierungen 1975;

[33] DIN 50602, Metallographische Prüfung des Gehaltes nichtmetallischer Einschlüsse in Stählen mit Richtreihen 2017;

[34] DIN EN ISO 6506-1, Härteprüfung nach Brinell 2016;

[35] DIN EN ISO 6507-1, Härteprüfung nach Vickers 2006;

[36] DIN EN ISO 6508-1, Härteprüfung nach Rockwell 2016;

[37] DIN 50192, Ermittlung der Entkohlungstiefe, ersetzt durch DIN EN ISO 3887 2003;

[38] DIN 50190-2, Ermittlung der Einhärtungstiefe nach Randschichthärten, ersetzt durch DIN EN 10328 2005;

[39] Internet Olympus, Soft-Imaging-Systeme;

[40] Schiebold, Skript Euromaterialprüfer 1999;

[41] DIN EN 10204, Arten von Prüfbescheinigungen 2004;

[42] DIN 10168, Prüfbescheinigungen 2004;

[43] DIN 2470-1, Gasleitungen an Stahlrohren 1987;

[44] Walzwerks-, Schmiede- o. Gießerei-Fertigerzeugn. v. nichtrostenden Stählen 2001

[45] DIN EN 10002-1, Metall. Werkst. – Zugvers., ersetzt d. DIN EN ISO 6892-1 2017;

[46] DIN 10025, Warmgewalzte Erzeugnisse aus Baustählen 2011;

[47] CSIG, Anwendung d. UN-Übereinkommens ü. d. internationalen Warenkauf 2016.

4.   Sachwortverzeichnis

Printed in the United States
By Bookmasters